ABHANDLUNGEN DES METEOROLOGISCHEN DIENSTES
DER DEUTSCHEN DEMOKRATISCHEN REPUBLIK

Nr. 129 (Band XVII)

DIETRICH SONNTAG

Formeln verschiedenen Genauigkeitsgrades zur Berechnung des Sättigungsdampfdruckes über Wasser und über Eis und ihre Anwendung auf einige praktische Feuchtemeßaufgaben

Mit 5 Abbildungen und 43 Tabellen

AKADEMIE-VERLAG · BERLIN
1982

Erschienen im Akademie-Verlag, 1086 Berlin, Leipziger Straße 3—4

Lizenznummer: 202 · 100/449/82
Gesamtherstellung: VEB Druckerei „Thomas Müntzer", 5820 Bad Langensalza
Bestellnummer: 7630181 (2023/129) · LSV 1465
Printed in GDR
DDR 32,— M
ISSN 0138-1105

Inhaltsverzeichnis

1. Einleitung

In den letzten drei Jahrzehnten sind auf internationaler Ebene eine Reihe von Änderungen und Vereinheitlichungen, zum Teil per definitionem, von physikalischen Größen durchgeführt worden, die sowohl Zahlenwerte als auch Maßeinheiten betrafen. Ferner sind eine ganze Reihe physikalischer Größen genauer bestimmt worden, unter denen auch Sättigungsdampfdruckwerte des Wassers in reiner Phase vom Tripelpunkt bis zum Siedepunkt zu finden sind. Zur Zeit dauern Bestrebungen an, für die Feuchtemeßtechnik eine einheitliche Symbolik aufzustellen.

In der Feuchtemeßtechnik werden für manche Zwecke sehr genaue Sättigungsdampfdruckformeln benötigt, für andere Zwecke weniger genaue. Letztere sind wesentlich kürzer und bieten die Möglichkeit, Rechenzeit einzusparen. Man sollte sich jedoch mit den Unsicherheiten der damit berechneten Werte vertraut machen. Die Lösung mancher Aufgaben wird erst mit Hilfe vereinfachter Sättigungsdampfdruckformeln möglich.

Die vorliegende Veröffentlichung soll Klarheit in das Problem der Sättigungsdampfdruckformeln und ihrer praktischen Anwendung bringen. Da bei negativen Celsius-Temperaturen vorzugsweise die Bezugnahme auf Wasser statt auf Eis erfolgt, ist es wünschenswert, auch die wahrscheinlichsten Sättigungsdampfdrücke über Wasser bis —100 °C zu ermitteln.

Zunächst sollen in dieser Einleitung die Ereignisse zusammengestellt werden, die die Neuberechnung der Konstanten der Sättigungsdampfdruckformeln wesentlich beeinflußt haben.

1.1. SI und IPTS-68

Die Generalkonferenz für Maß und Gewicht CGPM (Conférence Générale des Poids et Mesures) hat auf der 10. CGPM 1954 und der 14. CGPM 1971 Basiseinheiten für das auf der 11. CGPM 1960 benannte internationale Einheitensystem SI (Système International d'Unités) festgelegt. Dieses System wurde 1968 gesetzlich in der DDR eingeführt.

Einige Größen interessieren uns hier besonders:

1.1.1. Temperatur

Die 10. CGPM 1954 wählte den Tripelpunkt des Wassers als fundamentalen Fixpunkt mit 273,16 K. Auf der 13. CGPM 1967 wurde für die Einheit der thermodynamischen Temperatur der Name „Kelvin" statt „Grad Kelvin" eingeführt. Damit werden für Absolutangaben oder Differenzen der Temperatur Angaben mit Vorsätzen möglich. 1967 wurde die Temperatureinheit eindeutiger definiert: „Das Kelvin, die Einheit der thermodynamischen Temperatur, ist der 273,16te Teil der thermodynamischen Temperatur des Tripelpunktes des Wassers". Das Symbol ist T. Der Tripelpunkt des Wassers kann gegenwärtig meßtechnisch mit größerer Genauigkeit hergestellt werden als der Schmelzpunkt des Eises.

Alle in der vorliegenden Arbeit verwendeten Symbole sind in Tab. 1 zusammengestellt. Sie wurden im wesentlichen nach ASMW (1979)[1]) und (1980) gewählt.

Auf der 15. CGPM 1975 wurde die relative Meßunsicherheit $\Delta T/T$ der Absolutmessung optimal bei 273,16 K und in der Größenordnung von 10^{-6} angegeben.

Die 10. CGPM 1954 definierte auch die Celsius-Temperatur durch $t = T - T_0$, wobei $T_0 = 273{,}15$ K per definitionem ist. Die Einheit „Grad Celsius" (°C) ist gleich der Einheit „Kelvin" (K).

Die „Internationale praktische Temperaturskale" von 1948 IPTS-48 wurde 1968 durch die IPTS-68 abgelöst (Symbol T_{48} bzw. t_{48} und T_{68} bzw. t_{68}). Die IPTS-68, verbesserte Ausgabe von 1975, die von der 15. CGPM 1975 angenommen wurde, ist mit den besten derzeit bekannten thermodynamischen Ergebnissen im Einklang. Abweichungen der IPTS-68 von der thermodynamischen Temperatur haben L. A. Guildner und R. E. Edsinger (1976) veröffentlicht (s. Tab. 2).

Anmerkung: Vor 1954 war $T_0 = 273{,}16$ K und der Siedepunkt lag bei 373,16 K. Durch die Verschiebung auf $T_0 = 273{,}15$ K und den Siedepunkt auf 373,15 K ändern sich die vor 1954 bestimmten Sättigungs-

---

[1]) Jahreszahlen in Klammern weisen auf das Literaturverzeichnis hin.

dampfdruckwerte des Wassers, da die Sättigungsdampfdruckwerte des Wassers (Eises) in reiner Phase nur eine Funktion der Temperatur sind. Eine weitere Änderung dieser Werte geschah durch die Einführung der IPTS-68, da die T_{68}-Werte von den T_{48}-Werten abweichen (s. Tab. 3). Die IPTS-68 wurde 1974 in der DDR eingeführt. Die nächste IPTS soll 1987, als IPTS-87, eingeführt werden.

1.1.2. Druck

Die 10. CGPM 1954 legte die Normalatmosphäre mit 101 325 N/m^2 fest (Definition). N ist die Abkürzung für Newton. Auf der 14. CGPM 1971 wurde für N/m^2 der Name Pascal (Abkürzung Pa) eingeführt. $1\ Pa = 1\ m^{-1}\ kg\ s^{-2}$.

Anmerkung: Seit dem 1. 1. 1980 ist das Torr (früher mm Hg) keine gesetzliche Einheit mehr. Das bar bzw. mbar, nbar usw. ist bis zur internationalen Klärung noch zulässig. Es ist 1 mbar = 100 Pa = 1 hPa. Ältere Druckangaben in Torr müssen mit 101 325/76000 multipliziert werden, um Drücke in hPa bzw. mbar zu erhalten. Die WMO (1979) schlägt das Hektopascal (hPa) vor.

1.1.3. Wärmemenge, Energie und Arbeit

Im SI ist die Einheit der Wärmemenge, der Energie und der Arbeit das Joule (Abkürzung J). $1\ J = 1\ N \cdot m = 1\ m^2\ kg\ s^{-2}$.

Anmerkung: Seit 1. 1. 1980 sind die Kalorie (cal) und das Erg (erg) keine gesetzlichen Einheiten mehr.

1.1.4. Hinweise auf die Literatur

ASMW (1974), (1977) und (1979), L. A. Guildner und R. E. Edsinger (1976) und D. Sonntag (1974b), (1977) und (1979a).

1.2. Zahlenwerte physikalischer Fundamentalkonstanten und thermodynamischer Größen

Vom „International Council of Scientific Unions" ICSU (1973) wurde ein neuer Satz der physikalischen Fundamentalkonstanten mit den neuesten Zahlenwerten in SI-Einheiten veröffentlicht (siehe dazu auch GSSSD (1976)). Die für die Feuchtemessung wichtigen Größen sind in Tab. 4 zusammengestellt. Definierte Zahlenwerte von Größen findet man in Tab. 5. Thermodynamische Größen, die für die Feuchtemessung benötigt werden, sind in Tab. 6 enthalten. Die molare Molekülmasse des Wassers M_v wurde dabei von D. Sonntag (1979a) neu berechnet unter Auswertung der von der „International Union of Pure and Applied Chemistry" IUPAC (1974) angegebenen relativen Atommassen der Isotope des Wassers und der von der IUPAC (1976) angegebenen prozentualen Isotopenzusammensetzung des Wassers.

Die in den Tabellen 4 und 6 angegebenen Meßunsicherheiten sind die Standardabweichungen, die für eine statistische Sicherheit $P = 68{,}3\,\%$ gelten. Sie werden in Klammern hinter dem Zahlenwert in der Stellenzahl der letzten aufgeführten Ziffer angegeben. Z. B. ist bei der universellen molaren Gaskonstante $R = 8{,}31441(26)\ J\ mol^{-1}\ K^{-1}$ angegeben. Das ist gleichbedeutend mit $R = (8{,}31441 \pm 0{,}00026)\ J\ mol^{-1}\ K^{-1}$. Die Zusammenstellung der Tabellen wurde nach D. Sonntag (1979a) und (1980a) vorgenommen.

1.3. Sättigungsdampfdruckmessungen und formelmäßige Auswertung in Form von Interpolationsformeln

Von H. F. Stimson (1969) wurden neuere Sättigungsdampfdruckmeßwerte über Wasser in reiner Phase bei den Temperaturen 25 °C, 40 °C, 50 °C, 60 °C, 70 °C, 80 °C und 100 °C mitgeteilt. Die Messungen wurden bei den Temperaturen der IPTS-48 durchgeführt. A. Wexler und L. Greenspan (1971) entwickelten theoretisch aus der Clausius-Clapeyron-Gleichung unter Verwendung der in der vorliegenden Arbeit später genauer erläuterten γ-Werte (Wärmeenergie, die Wasser in einem Kalorimeter zugeführt werden muß, um eine Masseeinheit des Wassers isothermisch zu verdampfen, wenn gleichzeitig der Wasserdampf aus dem Kalorimeter entfernt wird) und der Virialkoeffizienten in Polynomform des Drukkes, die von J. A. Goff und S. Gratch (1949) angegeben wurden, eine Sättigungsdampfdruckformel mit 7 Konstanten für Temperaturen nach der IPTS-48 und korrigierten diese, damit sie mit den experimentellen Werten von H. F. Stimson (1969) übereinstimmte. Anschließend wurden die Koeffizienten der Sättigungsdampfdruckformel für die IPTS-68 umgerechnet. Als wahrscheinlichster Sättigungsdampfdruck beim Tripelpunkt des Wassers wurde 611,20 Pa verwendet. Für den praktischen Gebrauch haben A. Wexler und L. Greenspan ihre Formel auf 5 Konstanten reduziert. Die Sättigungsdampfdruckwerte lagen im Temperaturintervall 0 bis 100 °C. Da für meteorologische Zwecke die Sättigungsdampfdruckwerte auch über unterkühltem Wasser benötigt werden, untersuchte D. Sonntag (1977) die extrapolierten Werte dieser Formel, indem er die Werte mit der von der WMO (1975) angegebenen J. A. Goff-und-S. Gratch-Formel, umgerechnet auf die IPTS-68, verglich. Die Werte waren bis −30 °C innerhalb $\pm 0{,}035\,\%$ brauchbar.

Für die Sättigungsdampfdrücke über Eis von 0 bis −100 °C berechnete D. Sonntag (1977) neue Konstanten, auf die IPTS-68 bezogen, für die von der WMO (1975) angegebene Sättigungsdampfdruckformel nach J. A. GOFF und S. GRATCH und mit diesen Werten auch eine 5-Konstanten-Formel nach dem von A. WEXLER und L. GREENSPAN (1971) verwendeten Typ. Bei allen diesen Rechnungen wurde der Sättigungsdampfdruck am Tripelpunkt auf 611,20 Pa geändert. Die von der WMO (1975) angegebene Formel entspricht bis auf kleine Abweichungen der Formel, die J. A. GOFF und S. GRATCH (1965) angegeben hatten.

Eine Reihe Neuberechnungen der Konstanten aller eben erwähnten Sättigungsdampfdruckformeln löste die sehr genaue experimentelle Bestimmung des Sättigungsdampfdruckes am Tripelpunkt des Wassers mit (611,657 ± 0,010) Pa aus, die von L. A. GUILDNER, D. P. JOHNSON und F. E. JONES (1976) veröffentlicht wurde.[1])

A. WEXLER (1976) justierte die Konstanten seiner Formeln auf diesen Wert und gab Polynome mit der Temperatur für die Sättigungsdampfdruckwerte mit 8, 5 und 4 Konstanten an. Der Temperaturbereich erstreckte sich wieder von 0 bis 100 °C. Die Sättigungsdampfdruckwerte über Wasser waren wie 1971 in Pa gegeben und erreichten die höchste Genauigkeit, die zu dieser Zeit möglich war. Unabhängig davon korrigierte D. SONNTAG (1979a) die 5-Konstanten-Formel von A. WEXLER und L. GREENSPAN (1971) auf den neuen Sättigungsdruck am Tripelpunkt des Wassers und gelangte zu ähnlichen Konstanten. Mit diesen Konstanten wurde aber eine bessere Anpassung der Werte bei 100 °C erreicht. Angeregt durch D. P. BESPALOV, V. N. KOZLOV und L. T. MATVEEV (1972), die die von der WMO (1975) empfohlenen Sättigungsdampfdruckformeln über unterkühltem Wasser und über Eis bis −80 °C extrapolierten, berechnete D. SONNTAG (1979a) Formeln vom 5-Konstanten-Typ bis −100 °C. (Diese extrapolierten Werte bedürfen — wie in Kap. 3 gezeigt wird — einer Korrektion.) Außerdem wurden für praktische Anwendungen, vor allem in der Psychrometrie, neue Konstanten für den MAGNUS-Formel-Typ über Wasser von −30 bis 70 °C und über Eis von −60 bis 0 °C berechnet (siehe dazu auch D. SONNTAG (1979b) und (1980a)). Ausführliche Zahlentafeln der eben erwähnten und in der vorliegenden Arbeit in Kap. 3 noch ausführlich angegebenen Formeln wurden in Schritten von 0,1 K von D. SONNTAG und D. HEINZE (1982) berechnet.

2. Die Clausius-Clapeyronsche Gleichung

Für ein Zweiphasensystem flüssig-gasförmig oder fest-gasförmig kann die Druckänderung, die durch eine Temperaturänderung hervorgerufen wird, berechnet werden. Das kann sowohl mit der Methode der thermodynamischen Potentiale als auch mit Hilfe der Methode des CARNOTschen Kreisprozesses geschehen (siehe z. B. bei G. KLUGE und G. NEUGEBAUER (1976)). Man erhält die CLAUSIUS-CLAPEYRONsche Gleichung:

$$\frac{\mathrm{d}e_w}{\mathrm{d}T} = \frac{l_v(T)}{T \cdot (v_{vw} - v_w)} \quad \text{bzw.} \quad \frac{\mathrm{d}e_i}{\mathrm{d}T} = \frac{l_s(T)}{T \cdot (v_{vi} - v_i)}. \tag{2.1}$$

Die Änderung des Sättigungsdampfdruckes über Wasser $\mathrm{d}e_w$ mit der Änderung der Temperatur $\mathrm{d}T$ ist proportional der Verdampfungswärme des Wassers $l_v(T)$ und umgekehrt proportional dem Produkt aus der thermodynamischen Temperatur T und der Differenz der spezifischen Volumina des Wasserdampfes im Sättigungszustand über Wasser v_{vw} und des Wassers v_w. Die gleiche Beziehung gilt für die Änderung des Sättigungsdampfdruckes über Eis $\mathrm{d}e_i$ mit der thermodynamischen Temperatur $\mathrm{d}T$. $l_s(T)$ ist hierbei die Sublimationswärme, v_{vi} das spezifische Volumen des Wasserdampfes im Sättigungszustand über Eis und v_i das spezifische Volumen des Eises.

Wenn die CLAUSIUS-CLAPEYRONsche Gleichung integriert wird, erhält man den Sättigungsdampfdruck in Abhängigkeit von der Temperatur. Die Integration ist aber nur dann möglich, wenn die Temperaturabhängigkeiten von $l_v(T)$ und $l_s(T)$ genau bekannt sind. Eine weitere Schwierigkeit bietet die Tatsache, daß $l_v(T)$ bzw. $l_s(T)$ auf die Differenz $(v_{vw} - v_w)$ bzw. $(v_{vi} - v_i)$ der spezifischen Volumina bezogen ist. Das hängt damit zusammen, daß sich bei der Verdampfung des Wassers, das in v_w enthalten ist, dieses von v_w auf v_{vw} ausdehnt. Es ist ja

$$l_v = h_{vw} - h_w, \tag{2.2}$$

also auch gleich der Differenz der Enthalpie des Wasserdampfes h_{vw} und der Enthalpie des Wassers h_w. Entsprechend ist $l_s = h_{vi} - h_i$. Oft wird v_w vernachlässigt, da $v_{vw} \gg v_w$. v_{vw} und v_{vi} wird auch nicht unmittelbar eingesetzt, sondern mit Hilfe der Gasgleichung berechnet:

$$v_{vw} = \frac{R_v \cdot T \cdot Z(T)}{e_w} \quad \text{und} \quad v_{vi} = \frac{R_v \cdot T \cdot Z(T)}{e_i}, \tag{2.3}$$

R_v Gaskonstante des Wasserdampfes, $Z(T)$ Kompressionsfaktor. Z ist bei idealen Gasen und bei Temperaturen unter −40 °C gleich Eins und hat bei realen Gasen einen bestimmten Wert. Man sieht,

[1]) Fehlerangabe bei statistischer Sicherheit $P = 99\%$. Bei $P = 68{,}3\%$ (Standardabweichung s) ist der Fehler $\pm 0{,}004$ Pa.

daß auch v_{vw} und v_{vi} von der Temperatur abhängen und bei der Integration nicht als Konstante behandelt werden können. Je nach gewünschter Genauigkeit kann $l_v(T)$ z. B. in eine kubische, quadratische oder lineare Gleichung mit der Temperatur entwickelt oder gar als von der Temperatur unabhängig angesehen werden.

Es gibt aber eine Möglichkeit, die Vernachlässigung des v_w zu umgehen. Von N. S. OSBORNE (1930) wurde eine thermodynamische Größe $\gamma_v(T)$ definiert, die nur auf v_{vw} bezogen wird. Damit läßt sich die CLAUSIUS-CLAPEYRONsche Gleichung in einer modifizierten Form angeben:

$$\frac{de_w}{dT} = \frac{\gamma_v(T)}{T \cdot v_{vw}}, \qquad (2.4)$$

und wenn v_{vw} mit Hilfe der Gasgleichung für reale Gase (2.3) eingesetzt wird, ist

$$\frac{de_w}{dT} = \frac{e_w \cdot \gamma_v(T)}{T^2 \cdot R_v \cdot Z(T)}. \qquad (2.5)$$

Eine Integration ist aber erst möglich, wenn die Funktion $Z = Z(T)$ bekannt ist.

Zunächst soll aber die γ_v-Funktion erläutert werden. Die Theorie geht auf N. S. OSBORNE (1930) zurück. Er definierte drei thermodynamische Größen α, β und γ. Diese werden hier in bezug auf die Verdampfung von Wasser mit α_v, β_v und γ_v und in bezug auf die Sublimation des Eises mit α_s, β_s und γ_s bezeichnet.

$$\alpha_v = h_w - Tv_w \frac{de_w}{dT} \quad \text{und} \quad \alpha_s = h_i - Tv_i \frac{de_i}{dT}, \qquad (2.6)$$

$$\beta_v = Tv_w \frac{de_w}{dT} \quad \text{und} \quad \beta_s = Tv_i \frac{de_i}{dT}, \qquad (2.7)$$

$$\gamma_v = Tv_{vw} \frac{de_w}{dT} \quad \text{und} \quad \gamma_s = Tv_{vi} \frac{de_i}{dT}. \qquad (2.8)$$

Andererseits ist mit Hilfe von (2.1) und (2.2)

$$\left.\begin{aligned} l_v &= h_{vw} - h_w = T \cdot (v_{vw} - v_w) \frac{de_w}{dT} \\ &\text{und} \\ l_s &= h_{vi} - h_i = T \cdot (v_{vi} - v_i) \frac{de_i}{dT}. \end{aligned}\right\} \qquad (2.9)$$

Aus (2.7), (2.8) und (2.9) erhält man

$$l_v = \gamma_v - \beta_v \quad \text{und} \quad l_s = \gamma_s - \beta_s. \qquad (2.10)$$

Da aus (2.6) und (2.7)

$$h_w = \alpha_v + \beta_v \quad \text{und} \quad h_i = \alpha_s + \beta_s \qquad (2.11)$$

folgt, wird mit (2.9), (2.10) und (2.11)

$$h_{vw} = \alpha_v + \gamma_v \quad \text{und} \quad h_{vi} = \alpha_s + \gamma_s. \qquad (2.12)$$

Wenn in einem Kalorimeter die Masse des Zweiphasensystems (Wasser plus Wasserdampf) konstant gehalten wird, kann aus zwei Messungen mit unterschiedlicher Masse die Größe α_v bestimmt werden. Es wird eine bestimmte Menge elektrische Energie zugeführt und der Temperaturanstieg gemessen. Das entspricht der Bestimmung der Wärmekapazität der Wasserprobe. Es ist dann nach der Theorie

$$\alpha_v = h_w - l_v \frac{v_w}{v_{vw} - v_w}. \qquad (2.13)$$

Wenn andererseits das Kalorimeter mit Wasser gefüllt wird und bei konstanter Temperatur die zugeführte Energie gemessen wird, wobei gleichzeitig der entstehende Wasserdampf aus dem Kalorimeter herausgezogen und in einer Kältefalle zur Massebestimmung gesammelt wird, erhält man den Energiebetrag pro Masseeinheit

$$\gamma_v = l_v + l_v \frac{v_w}{v_{vw} - v_w}, \qquad (2.14)$$

wobei der Teil $\frac{v_w}{v_{vw} - v_w}$ der verdampften Masseeinheit im Kalorimeter verbleibt. Umgeschrieben erhält man

$$\gamma_v = l_v \frac{v_{vw}}{v_{vw} - v_w}. \qquad (2.15)$$

Ähnlich wie bei der γ_v-Bestimmung verfährt man bei der β_v-Besdmmung, nur daß statt des Wasserdampfes nun das Wasser aus dem Kalorimeter herausgezogen wird. Es wird dann

$$\beta_v = l_v \frac{v_w}{v_{vw} - v_w}. \qquad (2.16)$$

α_v-, β_v- und γ_v-Bestimmungen wurden von N. S. OSBORNE, H. F. STIMSON und E. F. FIOCK (1930) im Temperaturbereich von 0 bis 270 °C, von E. F. FIOCK und D. C. GINNINGS (1932) bei 50, 70 und 90 °C und von N. S. OSBORNE, H. F. STIMSON und D. C. GINNINGS (1937), (1939a und b) von 0 bis 374 °C durchgeführt. Zu bemerken ist dazu, daß die Werte in internationalen J/g angegeben sind und auf absolute J/g durch die Beziehung

$$1\ \mathrm{J_{int}} = 1{,}000165\ \mathrm{J_{abs}} \qquad (2.17)$$

umgerechnet werden müssen. Außerdem ist zu berücksichtigen, daß die Temperaturwerte auf die Internationale Temperaturskale von 1927 (ITS-27) bezogen sind. Im Temperaturbereich 0 bis 100 °C sind die Werte der ITS-27, der ITS-48 und der IPTS-48 gleich. Die Abweichungen zur IPTS-68 siehe Tab. 3.

A. WEXLER (1976) hat die γ_v-Funktionswerte für thermodynamische Temperaturen T von 273,15 bis 373,15 K umgerechnet und erhielt γ_v in J/g:

$$\gamma_v = 3423{,}8440 - 5{,}2277204 \cdot T + 9{,}855719 \cdot 10^{-3}\, T^2 - 1{,}1305118 \cdot 10^{-5} T^3. \qquad (2.18)$$

Umgerechnet in T_{68} ergibt das mit γ_v in J/g

$$\gamma_v = 3425{,}084124 - 5{,}238799221 \cdot T_{68} + 9{,}8870074 \cdot 10^{-3} T_{68}^2 - 1{,}1332 \cdot 10^{-5} T_{68}^3 \quad (2.19)$$

oder für Celsius-Temperaturen t_{68} im Bereich 0 bis 100 °C für γ_v in J/g

$$\gamma_v = 2500{,}839 - 2{,}374 \cdot t_{68} + 6{,}01 \cdot 10^{-4} \cdot t_{68}^2 - 1{,}1332 \cdot 10^{-5} \cdot t_{68}^3 . \quad (2.20)$$

Im Bereich 0 bis 100 °C sind die max. relativen Abweichungen von γ_v gegenüber (2.18) maximal $\pm 0{,}00011\%$. Die Standardabweichung der Absolutwerte ist $\pm 0{,}23$ J/g.

Für nicht so große Genauigkeiten werden wir später quadratische oder lineare γ_v-Funktionen benötigen. Diese sind für γ_v in J/g im Taupunktbereich 0 bis 100 °C

$$\gamma_v = 3049{,}393184 - 1{,}7015051 \cdot T_{68} - 1{,}123 \cdot 10^{-3} \cdot T_{68}^2) \quad (2.21)$$

$$\gamma_v = 2500{,}839 - 2{,}315 \cdot t_{68} - 1{,}123 \cdot 10^{-3} \cdot t_{68}^2) \quad (2.22)$$

mit einer maximalen relativen Abweichung gegenüber (2.18) im Bereich 0 bis 100 °C von $\pm 0{,}024\%$.

$$\gamma_v = 3148{,}7508 - 2{,}372 \cdot T_{68} , \quad (2.23)$$

$$\gamma_v = 2500{,}839 - 2{,}372 \cdot t_{68} , \quad (2.24)$$

mit einer maximalen relativen Abweichung gegenüber (2.18) im Bereich 0 bis 100 °C von $\pm 0{,}25\%$, im Bereich von 0 bis 70 °C von $\pm 0{,}05\%$ und im Bereich von 0 bis 50 °C von $\pm 0{,}007\%$. Mit Hilfe der Beziehung

$$l_v = \gamma_v \frac{v_{vw} - v_w}{v_{vw}} , \quad (2.25)$$

die aus (2.15) folgt, lassen sich die l_v-Funktionen umrechnen. Die Werte für v_{vw} und v_w sind in Tab. 7 enthalten. Die v_{vw}-Werte wurden mit Hilfe der Gleichungen (2.3) und (2.8) und der neuesten Werte de_w/dT nach A. WEXLER (1976) neu berechnet. Die entsprechenden Werte für die spezifischen Volumina des Wasserdampfes über Eis und des Eises sind in Tab. 8 enthalten. Nach den folgenden Formeln erhält man l_v in J/g:

$$l_v = 3472{,}01347 - 5{,}72503 \cdot T_{68} + 1{,}15707 \cdot 10^{-2} \cdot T_{68}^2 - 1{,}328245 \cdot 10^{-5} \cdot T_{68}^3 , \quad (2.26)$$

$$l_v = 2500{,}827 - 2{,}377 \cdot t_{68} + 6{,}864 \cdot 10^{-4} \cdot t_{68}^2 - 1{,}328245 \cdot 10^{-5} \cdot t_{68}^3 , \quad (2.27)$$

mit einer maximalen relativen Abweichung gegenüber (2.25) im Bereich 0 bis 100 °C von $\pm 0{,}0005\%$.

$$l_v = 3033{,}9214 - 1{,}59331 \cdot T_{68} - 1{,}3119 \cdot 10^{-3} \cdot T_{68}^2 , \quad (2.28)$$

$$l_v = 2500{,}827 - 2{,}310 \cdot t_{68} - 1{,}3119 \cdot 10^{-3} \cdot t_{68}^2 , \quad (2.29)$$

mit einer maximalen relativen Abweichung gegenüber (2.25) im Bereich 0 bis 100 °C von $\pm 0{,}027\%$.

$$l_v = 3145{,}461 - 2{,}360 \cdot T_{68} , \quad (2.30)$$

$$l_v = 2500{,}827 - 2{,}360 \cdot t_{68} , \quad (2.31)$$

mit einer maximalen relativen Abweichung gegenüber (2.25) im Bereich 0 bis 100 °C von $\pm 0{,}36\%$, im Bereich von 0 bis 70 °C von $0{,}10\%$ und im Bereich von 0 bis 50 °C von $\pm 0{,}03\%$.

Besondere Betrachtungen müssen für γ_v und γ_s bzw. l_v und l_s für den Temperaturbereich -100 bis 0,01 °C angestellt werden. Wenn in Gleichung (2.5) $\gamma_v(T)$ und $Z(T)$ zunächst als unabhängig von der Temperatur angesehen werden, erhält man durch Integration von T_1 bis T_2 die Gleichung

$$\gamma_v = \frac{R_v \cdot Z \cdot T_1 \cdot T_2}{T_2 - T_1} \ln \frac{e_{w2}}{e_{w1}} , \quad (2.32)$$

die entsprechende Gleichung für γ_s lautet

$$\gamma_s = \frac{R_v \cdot Z \cdot T_1 \cdot T_2}{T_2 - T_1} \ln \frac{e_{i2}}{e_{i1}} . \quad (2.33)$$

Die γ_v- und γ_s-Werte wurden in Schritten von 10 K für $T_2 - T_1 = 0{,}1$ K berechnet, indem die betreffenden Z-Werte bei den entsprechenden Temperaturen eingesetzt wurden. Die Z-Funktion wird am Ende dieses Kapitels näher behandelt. Z-Werte verschiedener Autoren sind in Tab. 9 enthalten. Im Temperaturbereich -40 bis 100 °C sind auch γ_v- bzw. l_v-Werte und von -60 bis 0 °C l_s-Werte, die über die spezifischen Volumina in γ_s-Werte umgerechnet werden können, bekannt. So können auch umgekehrt Z-Werte berechnet werden aus

$$Z = \frac{(T_2 - T_1) \cdot \gamma_v}{R_v \cdot T_1 \cdot T_2} \frac{1}{\ln \frac{e_{w2}}{e_{w1}}} \quad (2.34)$$

und

$$Z = \frac{(T_2 - T_1) \cdot \gamma_s}{R_v \cdot T_1 \cdot T_2} \frac{1}{\ln \frac{e_{i2}}{e_{i1}}} . \quad (2.35)$$

So berechnete Z-Werte sind als Z^* in Tab. 9 enthalten. Ähnliche Werte erhält man auch mit den nichtintegrierten Differentialgleichungen

$$\gamma_v = \frac{R_v \cdot Z \cdot T^2}{e_w} \frac{de_w}{dT} \quad (2.36)$$

und

$$\gamma_s = \frac{R_v \cdot Z \cdot T^2}{e_i} \frac{de_i}{dT}. \quad (2.37)$$

Für e_w und e_i werden Werte verwendet, die als sogenannte Normwerte e_{wn} und e_{in} aus den Referenzdampfdruckformeln, die in Kap. 3 zusammengestellt sind, berechnet werden können. Für γ_v können auch mit Hilfe von Gleichung (2.19) oder (2.20) Werte im Bereich —100 bis 0 °C durch Extrapolation gefunden werden.

Eine andere Möglichkeit, fehlende γ_v-Werte zwischen —100 und —50 °C zu bestimmen, besteht darin, daß die Differenzwerte $(\gamma_v - \gamma_s)$ vom bekannten Bereich —50 bis 0 °C auf den Bereich —100 bis —50 °C extrapoliert werden. Diese Differenzwerte können zu den bekannten γ_s-Werten addiert werden und geben dann γ_v-Werte.

Eng gekoppelt mit der Berechnung der l_v-Werte zwischen —100 und —50 °C ist der e_w-Wert. Ursprünglich wurde versucht (siehe D. SONNTAG (1979a und 1980a)), die e_w-Werte durch Extrapolation der im Kap. 3 erwähnten Sättigungsdampfdruckformel nach J. A. GOFF und S. GRATCH zu bestimmen. Bei —100 °C erhielt man einen e_w-Wert $= 2{,}3966 \cdot 10^{-5}$ hPa, was wiederum ein γ_v bzw. l_v von 3124,887 J/g ergeben würde. In diesem Fall hätte man einen steilen Anstieg der γ_v-Werte zwischen —100 und —50 °C. Andererseits würde das Verhältnis von e_w/e_i nur bis —80 °C ansteigen und dann wieder stark abnehmen. Die γ_s-Werte liegen sogar bei —100 °C etwas tiefer als bei 0 °C. Da im Bereich —100 bis —50 °C thermodynamisch nichts Ungewöhnliches geschehen kann, wurde durch eine Abschätzung mit den verschiedenen Bestimmungsmethoden für γ_v der berechnete Wert aus Gleichung (2.32) gewählt. Als Normsättigungsdampfdrücke konnten dabei diejenigen angesehen werden, die durch die 5-Konstanten-Referenzformel, gültig für —50 bis 100 °C, durch Extrapolation auf den Bereich —100 bis —50 °C gewonnen wurden.

Bei —100 °C wurde $\gamma_v = 2713{,}052$ J/g erhalten. Durch Extrapolation der Gleichung (2.19) oder (2.20) läge der Wert um 1,546% höher bei 2755,661 J/g.

Bei linearer Extrapolation nach Gleichung (2.23) oder (2.24) käme man auf 2738,039 J/g, d. h. auf einen Wert, der dazwischen liegt.

Im Bereich —50 bis 0 °C stimmen die Werte mit den von der WMO (1966) in den International Meteorological Tables angegebenen l_v-Werten innerhalb von ±0,8% überein.

Die über die Normsättigungsdampfdruckwerte berechneten γ_v sind in Tab. 10 eingetragen. Gleichfalls wurden für diese Tabelle die l_v-Werte berechnet, und aus den Gleichungen (2.6) und (2.7) die α_v- und β_v-Werte. Tab. 11 enthält die entsprechend berechneten Werte von γ_s, l_s, α_s und β_s. In Tab. 10 werden noch die Werte der WMO (1966) als l_v^* und in Tab. 11 die WMO-Werte l_s^* zum Vergleich aufgeführt. Die l_s^*-Werte liegen gegenüber den berechneten l_s-Werten bei 0 °C um 0,12 J/g niedriger und gleichen sich bei —80 °C an. Bei —100 °C liegen sie 0,07% höher. Der Unterschied wird darauf zurückgeführt, daß die neuen e_i-Werte, die als Normwerte angesehen werden, an den neuen Wert des Sättigungsdampfdruckes am Tripelpunkt des Wassers angepaßt wurden. Durch diese Anpassung mit 0,07% höherem Sättigungsdampfdruck beim Tripelpunkt wird auch $\frac{de_i}{dT}$ größer.

Für γ_s werden später ebenfalls zur Berechnung von Sättigungsdampfdruckwerten Polynome 3., 2. und 1. Grades benötigt. Für γ_s in J/g erhält man für T_{68}

$$\gamma_s = 2543{,}19345 + 2{,}772958 \cdot T_{68} - 7{,}64373 \cdot 10^{-3} \cdot T_{68}^2 + 5{,}27857 \cdot 10^{-6} \cdot T_{68}^3 \quad (2.38)$$

oder für Celsiustemperaturen t_{68} im Bereich —100 bis 0,01 °C ebenfalls für γ_s in J/g

$$\gamma_s = 2837{,}898 - 0{,}221297 \cdot t_{68} - 3{,}31821 \cdot 10^{-3} \cdot t_{68}^2 + 5{,}27857 \cdot 10^{-6} \cdot t_{68}^3 \quad (2.39)$$

mit einer maximalen relativen Abweichung von den verwendeten Werten zur Berechnung des Polynoms 3. Grades $< \pm 0{,}006\%$.

Die quadratische Gleichung für γ_s in J/g lautet

$$\gamma_s = 2597{,}305 + 2{,}01269 \cdot T_{68} - 4{,}1438 \cdot 10^{-3} \cdot T_{68}^2 \quad (2.40)$$

oder für Celsiustemperaturen t_{68} im Bereich —100 bis 0,01 °C

$$\gamma_s = 2837{,}898 - 0{,}25107 \cdot t_{68} - 4{,}1438 \cdot 10^{-3} \cdot t_{68}^2 \quad (2.41)$$

mit einer maximalen relativen Abweichung von Gleichung (2.38) $< \pm 0{,}01\%$.

Die lineare Gleichung für γ_s in J/g lautet

$$\gamma_s = 2843{,}497575 - 0{,}0205 \cdot T_{68} \quad (2.42)$$

oder für Celsiustemperaturen t_{68} im Bereich —100 bis 0,01 °C

$$\gamma_s = 2837{,}898 - 0{,}0205 \cdot t_{68} \quad (2.43)$$

mit einer maximalen relativen Abweichung von Gleichung (2.38) $< \pm 0{,}65\%$.

Wird γ_s als konstant angesehen, so erhält man für

$\gamma_s = 2837$ zwischen -100 und 0,01 °C, $\Delta\gamma_s$ max. $< \pm 0{,}55\,\%$,

$\gamma_s = \gamma_{so} = 2837{,}898$ zwischen -100 und 0,01 °C, $\Delta\gamma_s$ max. $< \pm 0{,}6\,\%$,

$\gamma_s = 2840$ zwischen -100 und 0,01 °C, $\Delta\gamma_s$ max. $< \pm 0{,}65\,\%$,

und zwischen -80 und 0,01 °C, $\Delta\gamma_s$ max. $< \pm 0{,}3\,\%$.

Die l_s-Werte liegen innerhalb der Fehlergrenzen der γ_s-Gleichungen, so daß hier keine besonderen Gleichungen dafür angegeben werden.

Zur Ergänzung der thermodynamischen Größen sind in Tab. 12 Werte der spezifischen Wärmekapazitäten des Wasserdampfes bei konstantem Druck und des Wassers c_{pv} und c_w sowie die spezifische Enthalpie des gesättigten Wasserdampfes in bezug auf Wasser und des Wassers h_{vw} und h_w angegeben. Die spezifischen Wärmekapazitäten des Eises c_i und die spezifischen Enthalpien des gesättigten Wasserdampfes in bezug auf Eis h_{vi} und des Eises h_i sind in Tab. 13 zu finden.

Zur Berechnung wurden die folgenden Formeln benutzt:

$$h_w = c_w \cdot t_{68}\,, \tag{2.44}$$

$$h_{vw} = l_v + h_w\,, \tag{2.45}$$

$$h_i = c_i \cdot t_{68}\,, \tag{2.46}$$

$$h_{vi} = l_s + h_i\,. \tag{2.47}$$

In Tab. 14 sind Werte für trockene Luft der spezifischen Wärmekapazität bei konstantem Druck c_{pa}, der spezifischen Enthalpie h_a, der Dichte ϱ_a, der Wärmeleitfähigkeit λ_a, der Temperaturleitfähigkeit a sowie der Diffusionskoeffizient von Wasserdampf in Luft D und das Verhältnis a/D enthalten.

Neben diesen Tabellenwerten können nach D. SONNTAG (1980a) die im folgenden aufgeführten Formeln in den angegebenen Temperaturbereichen mit den relativen Standardabweichungen s_{rel} in % benutzt werden:

1. Spezifische Wärmekapazität der trockenen Luft bei konstantem Druck bei 1013,25 hPa: Im Bereich -100 bis 60 °C ist $s_{rel} = \pm 0{,}07\,\%$ für

$$c_{pa} = (1{,}00545 + 0{,}000033 |\, t_{68}\,|)\ \mathrm{J\,g^{-1}\,K^{-1}}\,. \tag{2.48}$$

2. Spezifische Wärmekapazität der trockenen Luft bei konstantem Volumen: Im Bereich -100 bis 60 °C ist $s_{rel} = \pm 0{,}11\,\%$ für

$$c_{va} = 0{,}71764\ \mathrm{J\,g^{-1}\,K^{-1}}\,. \tag{2.49}$$

3. Spezifische Wärmekapazität des Wasserdampfes bei konstantem Druck: Im Bereich -60 bis 60 °C ist $s_{rel} = \pm 0{,}13\,\%$ für

$$c_{pv} = (1{,}85894 + 0{,}0002 \cdot t_{68})\ \mathrm{J\,g^{-1}\,K^{-1}}\,. \tag{2.50}$$

4. Spezifische Wärmekapazität des Wasserdampfes bei konstantem Volumen: Im Bereich 0 bis 50 °C ist $s_{rel} = \pm 0{,}2\,\%$

$$c_{vv} = 1{,}38456\ \mathrm{J\,g^{-1}\,K^{-1}}\,. \tag{2.51}$$

5. Spezifische Wärmekapazität des Wassers: Im Bereich -40 bis 0 °C ist $s_{rel} = \pm 0{,}38\,\%$ für

$$c_w = (4{,}21778 + 0{,}00012 \cdot t_{68} + 0{,}00036 \cdot t_{68}^2)\ \mathrm{J\,g^{-1}\,K^{-1}} \tag{2.52}$$

und im Bereich 0 bis 60 °C ist $s_{rel} = \pm 0{,}15\,\%$ für

$$c_w = (4{,}21778 - 0{,}00251 \cdot t_{68} + 0{,}000036 \cdot t_{68}^2)\ \mathrm{J\,g^{-1}\,K^{-1}}\,. \tag{2.53}$$

6. Spezifische Wärmekapazität des Eises: Im Bereich -100 bis 0 °C ist $s_{rel} = \pm 0{,}22\,\%$.

$$c_i = (2{,}106 + 0{,}0073 \cdot t_{68})\ \mathrm{J\,g^{-1}\,K^{-1}}\,. \tag{2.54}$$

7. Diffusionskoeffizient des Wassers in Luft: Im Bereich -80 bis 60 °C ist $s_{rel} = \pm 0{,}32\,\%$ und im Bereich -30 bis 60 °C ist $s_{rel} = \pm 0{,}10\,\%$.

$$D = 2{,}22 \cdot 10^{-5} (T_{68}/T_0)^{1,7}\, (p_0/p)\ \mathrm{m^2\,s^{-1}} \tag{2.55}$$

p = Luftdruck, (p_0 und T_0 s. Tab. 5).

8. Wärmeleitfähigkeit der Luft: Im Bereich -80 bis 60 °C ist $s_{rel} = \pm 0{,}44\,\%$ und im Bereich -30 bis 60 °C ist $s_{rel} = \pm 0{,}12\,\%$.

$$\lambda_a = 2{,}399 \cdot 10^{-2} (T_{68}/T_0)^{0,9}\ \mathrm{J\,m^{-1}\,s^{-1}\,K^{-1}}\,. \tag{2.56}$$

9. Dichte der trockenen Luft: Im Bereich -80 bis 60 °C ist $s_{rel} = \pm 0{,}003\,\%$.

$$\varrho_a = \frac{p}{R_L \cdot T_{68}} = 1292{,}26 \left(\frac{T_0}{T_{68}}\,\frac{p}{p_0}\right)\ \mathrm{g\,m^{-3}}\,. \tag{2.57}$$

10. Temperaturleitfähigkeit der Luft: Im Bereich -80 bis 60 °C ist $s_{rel} = \pm 0{,}46\,\%$ und im Bereich -30 bis 60 °C ist $s_{rel} = \pm 0{,}14\,\%$.

$$a = \frac{\lambda_a}{c_{pa} \cdot \varrho_a} = 1{,}846 \cdot 10^{-5}\, \frac{p_0}{p} \left(\frac{T_{68}}{T_0}\right)^{1,9}\ \mathrm{m^2\,s^{-1}}\,. \tag{2.58}$$

11. Verhältnis a/D: Im Bereich -80 bis 60 °C ist $s_{rel} = \pm 0{,}56\,\%$ und im Bereich -30 bis 60 °C ist $s_{rel} = \pm 0{,}17\,\%$.

$$a/D = 0{,}833 (T_{68}/T_0)^{0,2} \approx 0{,}833\,. \tag{2.59}$$

Schließlich muß noch der Kompressionsfaktor Z, der eine Funktion von $e_w(T)$ und T ist, näher erläutert werden. Z stellt die Abweichung vom idealen Gas dar.

$$\frac{e_w \cdot v_{vw}}{R_v \cdot T} = Z(T) \,. \tag{2.60}$$

$Z(T)$ kann mit Hilfe der verschiedenen 2. und 3. Virialkoeffizienten für Wasserdampf dargestellt werden. Die höheren Virialkoeffizienten können vernachlässigt werden. Hier werden die Virialkoeffizienten auf die Masse bezogen. Wenn sie auf mol bezogen werden, ist in (2.61) R statt R_v zu schreiben.

J. A. GOFF und S. GRATCH (1945), (1946), J. A. GOFF (1949), die WMO (1951), L. P. HARRISON (1965) und D. SONNTAG (1966—68) verwenden

$$Z = 1 - \frac{A_{vv}(T)}{R_v \cdot T} e_w - \frac{A_{vvv}(T)}{R_v \cdot T} e_w^2 \,, \tag{2.61}$$

L. P. HARRISON (1965), A. WEXLER und L. GREENSPAN (1971) und A. WEXLER (1976)

$$Z = 1 + B'(T) \cdot e_w + C'(T) \cdot e_w^2 \tag{2.62}$$

$$\text{mit } B' = \frac{B}{R_v \cdot T} \quad \text{und} \quad C' = \frac{C - B^2}{R_v^2 \cdot T^2} \,, \tag{2.63}$$

wobei B und C definiert sind durch

$$\frac{e_w \cdot v_{vw}}{R_v \cdot T} = Z = 1 + \frac{B(T)}{v_{vw}} + \frac{C(T)}{v_{vw}^2} \,. \tag{2.64}$$

Zahlenwerte der verschiedenen Virialkoeffizienten findet man in allen angegebenen Veröffentlichungen.

Die neuesten Z-Werte können aus Angaben von A. WEXLER (1976) berechnet werden, bei denen die neuesten experimentellen Bestimmungen der Sättigungsdampfdrücke über Wasser berücksichtigt wurden. Die Zahlenwerte sind in Tab. 9 mitgeteilt.

A. WEXLER und L. GREENSPAN (1971) und A. WEXLER (1976) verwendeten Z nicht als Faktor, sondern schrieben die Differentialgleichung (2.5) mit der Variablentrennung

$$\frac{de_w}{e_w} = \frac{\gamma_v(T)}{R_v \cdot T^2} dT - \frac{\gamma_v(T)}{R_v \cdot T^2} \left(\frac{Z-1}{Z} \right) dT \tag{2.65}$$

und erreichten damit ein additives Korrektionsglied zur Gleichung des idealen Gaszustandes (zweites Glied auf der rechten Seite von (2.65)). Durch Integration von der thermodynamischen Temperatur am Tripelpunkt des Wassers T_{tr} bis zur thermodynamischen Temperatur T erhielten sie

$$\int_{e_w(T_{tr})}^{e_w(T)} d(\ln e_w) = \int_{T_{tr}}^{T} \frac{\gamma_v(T)}{R_v \cdot T^2} dT - \int_{T_{tr}}^{T} \frac{\gamma_v(T)}{R_v \cdot T^2} \left(\frac{Z-1}{Z} \right) dT \,, \tag{2.66}$$

wobei das 2. Integral auf der rechten Seite mit Hilfe des experimentellen Zahlenmaterials in eine Funktion entwickelt wird, die berücksichtigt, daß später $\gamma_v(T)$ in eine kubische Gleichung eingesetzt wird.

$$\int_{T_{tr}}^{T} \frac{\gamma_v(T)}{R_v \cdot T^2} \left(\frac{Z-1}{Z} \right) dT = \left[b_0 \left(\frac{1}{T} - \frac{1}{T_{tr}} \right) + b_2 (T - T_{tr}) + b_3 (T^2 - T_{tr}^2) + b_1 \cdot \ln \frac{T}{T_{tr}} \right] = W \tag{2.67}$$

mit

$b_0 = -1375{,}0137$ K

$b_1 = -\ 14{,}185668$

$b_2 = \ 4{,}9593509 \cdot 10^{-2}$ K^{-1}

$b_3 = -\ 2{,}9488830 \cdot 10^{-5}$ K^{-2}.

Andererseits ist $W = \ln Z$, wie man aus der Entwicklung ableiten kann. Somit ist

$$Z = \exp \left\{ b_0 \left(\frac{1}{T} - \frac{1}{T_{tr}} \right) + b_2 (T - T_{tr}) + b_3 (T^2 - T_{tr}^2) + b_1 \cdot \ln \frac{T}{T_{tr}} \right\} . \tag{2.68}$$

Die Temperaturen T sind wegen der Zahlenwerte der Konstanten die thermodynamischen Temperaturen. In Tab. 9 sind die Z-Werte, für die IPTS-68 umgerechnet, eingetragen.

Die hier zuletzt gezeigte Form der Z-Funktion hat den Vorteil, daß die Abhängigkeit der Z-Funktion von den e_w-Werten, die ja nur eine eindeutige Funktion der Temperatur sind, in den Konstanten berücksichtigt ist.

3. Referenzformeln für die Sättigungsdampfdrücke über Wasser und über Eis (Konstantenzahl $\geqq 5$)

Aus Referenzformeln für die Sättigungsdampfdrücke über Wasser und über Eis in reiner Phase, ohne Anwesenheit anderer Gase als Wasserdampf und über einer ebenen Fläche, müssen möglichst sehr genaue Sättigungsdampfdrücke über einen weiten Temperaturbereich erhalten werden. Solche Werte sollten möglichst international standardisiert werden. Die WMO (1951) und (1975) hatte zu diesem Zwecke die Formeln von J. A. GOFF und S. GRATCH (1946), J. A. GOFF (1949) und (1965) gewählt. Diese Formeln wurden aus der modifizierten CLAUSIUS-CLAPEYRONschen Gleichung (2.5) mit der γ_v-Funktion entwickelt, wobei für $Z(T)$ Gleichung (2.61) eingesetzt wurde:

$$\frac{\mathrm{d}e_w}{e_w} = \frac{\gamma_v}{R_v \cdot T^2 \left[1 - \frac{A_{vv}}{R_v \cdot T} e_w - \frac{A_{vvv}}{R_v \cdot T} e_w^2\right]} \mathrm{d}T\,, \tag{3.1}$$

d. h.

$$\frac{\mathrm{d}e_w}{e_w} = \frac{\gamma_v}{R_v \cdot T^2 - A_{vv} \cdot T \cdot e_w - A_{vvv} \cdot T \cdot e_w^2} \mathrm{d}T\,, \tag{3.2}$$

wobei der 2. und 3. Virialkoeffizient des Wasserdampfes A_{vv} und A_{vvv} noch eine Funktion der Temperatur T ist:

$$A_{vv} = a_{10} + \frac{a_{20}}{T} 10^{a_{30}/T^2}\,, \tag{3.3}$$

$$A_{vvv} = \frac{b_{10}}{T^2}(A_{vv})^3 = \frac{b_{10}}{T^2}\left[a_{10} + \frac{a_{20}}{T} 10^{a_{30}/T^2}\right]^3. \tag{3.4}$$

Wenn die A_{vv} und A_{vvv} in die Differentialgleichung (3.2) eingesetzt werden, erhält man eine Form, die kaum integrierbar ist.

Um die e_w-Werte berechnen zu können, muß aber die modifizierte CLAUSIUS-CLAPEYRONsche Gleichung integriert werden. Durch Vernachlässigungen entstand eine integrierbare halbempirische Gleichung, deren Integration Formeln der Sättigungsdampfdrücke über Wasser und über Eis der folgenden Form gaben:

$$\lg e_w = \lg e_w(T_{tr}) + c_{10}\left(1 - \frac{T_{tr}}{T}\right) + c_{20} \lg \frac{T_{tr}}{T} + {} + c_{30}\left[1 - 10^{c_{40}\left(1 - \frac{T}{T_{tr}}\right)}\right] + {} + c_{50}\left[1 - 10^{c_{60}\left(1 - \frac{T_{tr}}{T}\right)}\right] \tag{3.5}$$

und

$$\lg e_i = \lg e_w(T_{tr}) + d_{10}\left(1 - \frac{T_{tr}}{T}\right) + {} + d_{20} \cdot \lg \frac{T_{tr}}{T} + d_{30}\left(1 - \frac{T}{T_{tr}}\right). \tag{3.6}$$

Anfangs wurde statt der Tripelpunkttemperatur T_{tr} die Temperatur des Siedepunktes verwendet. Die Koeffizienten wurden an bekannte experimentell bestimmte Sättigungsdampfdruckwerte angepaßt. Die Zahlenwerte der Koeffizienten werden hier nicht genannt, da die Temperaturwerte T auf die IPTS-48 mit den Werten T_{48} bezogen sind. Für die Formel der Sättigungsdampfdrücke über Eis wurden zwar von D. SONNTAG (1977) die Koeffizienten für die IPTS-68 umgerechnet, jedoch war zu dieser Zeit der neueste Wert des Sättigungsdampfdruckes am Tripelpunkt des Wassers $e_w(T_{tr})$ noch nicht bekannt.

Die Formel für den Sättigungsdampfdruck über Wasser ist von der WMO (1951) und (1975) für —50 bis 100 °C empfohlen worden, obwohl im metastabilen Bereich des unterkühlten Wassers sehr wenig Messungen der Sättigungsdampfdruckwerte vorliegen. D. P. BESPALOV, V. N. KOZLOV und L. T. MATVEEV (1972) erweiterten bei der Berechnung ihrer Psychrometertafeln den Bereich bis —80 °C, und daraufhin erweiterte D. SONNTAG (1979a) und (1980a) für die Berechnung von Sättigungsdampfdruck-Formeln den Bereich formal auf —100 °C. (Aus den im Kap. 2 genannten Gründen wird in der vorliegenden Arbeit der Sättigungsdampfdruck in bezug auf Wasser zwischen —100 und —50 °C geändert.) Die Extrapolation bis auf —100 °C wird mit der Notwendigkeit begründet, für thermodynamische Rechnungen solche Daten zur Verfügung zu haben. So ist es z. B. nötig, die auf Wasser bezogene Taupunkttemperatur t_d bei Raketenaufstiegsmessungen bis in große Höhen, in denen sehr niedrige Lufttemperaturen herrschen, zu berechnen, da in diesen Höhen das Mischungsverhältnis r nicht mehr anwendbar ist, weil der Wasserdampfdruck e zahlenmäßig gleich dem Druck p wird, und somit r nach unendlich geht:

$$r = \frac{0{,}622 \cdot e}{e - p}. \tag{3.7}$$

Zu dieser Problematik siehe D. SONNTAG (1974a).

Die Formel für den Sättigungsdampfdruck über Eis ist von —100 bis 0,01 °C gültig.

Alle Sättigungsdampfdruckwerte bei negativen Celsius-Temperaturen — sowohl über Wasser als auch über Eis — wurden von D. SONNTAG (1979a) und (1980a) auf die IPTS-68 umgerechnet und an den neuesten Sättigungsdampfdruckwert beim Tripelpunkt des Wassers angepaßt. Die Darstellung ist in 5-Konstanten-Formeln gegeben, die in diesem Kapitel noch vorgestellt werden. Für den Bereich 0 bis 100 °C wurde auf die nun folgende Entwicklung der Sättigungsdampfdruck-Formel von A. WEXLER und L. GREENSPAN (1971) und A. WEXLER (1976) zurückgegriffen. Die genannten Autoren gingen von der modifizierten CLAUSIUS-CLAPEYRONschen Gleichung (2.5) aus und verwendeten die Aufspaltung wie in Gleichung (3.8) gezeigt sowie die in eine Exponentialfunktion entwickelte Z-Funktion (2.68):

$$\int_{e_w(T_{tr})}^{e_w(T)} \mathrm{d}(\ln e_w) = \int_{T_{tr}}^{T} \frac{\gamma_v(T)}{R_v \cdot T^2} \mathrm{d}T - \int_{T_{tr}}^{T} \frac{\gamma_v(T)}{R_v \cdot T^2}\left(\frac{Z-1}{Z}\right) \mathrm{d}T\,. \tag{3.8}$$

Durch Einsetzen von $\gamma_v(T)$ im ersten Term auf der rechten Seite in Form eines kubischen Polynoms

$$\gamma_v = a_0 + a_1 \cdot T + a_2 \cdot T^2 + a_3 \cdot T^3\,, \tag{3.9}$$

wobei die Zahlenwerte der Konstanten

$a_0 = 3423{,}8440$ J g^{-1}

$a_1 = -\ 5{,}2277204$ J g^{-1} K^{-1}

$a_2 = 9{,}855719 \cdot 10^{-3}$ J g^{-1} K^{-2}

$a_3 = -\ 1{,}1305118 \cdot 10^{-5}$ J g^{-1} K^{-3}

für thermodynamische Temperaturen gelten und $\gamma_v(T)$ in J/g gegeben ist, wird

$$\int_{e_w(T_{tr})}^{e_w(T)} \mathrm{d}(\ln e_w) = \frac{a_0}{R_v}\int_{T_{tr}}^{T}\frac{\mathrm{d}T}{T^2} + \frac{a_1}{R_v}\int_{T_{tr}}^{T}\frac{\mathrm{d}T}{T} + \frac{a_2}{R_v}\int_{T_{tr}}^{T}\mathrm{d}T + \frac{a_3}{R_v}\int_{T_{tr}}^{T} T\,\mathrm{d}T - \int_{T_{tr}}^{T}\frac{\gamma_v}{R_v\cdot T^2}\left(\frac{Z-1}{Z}\right)\mathrm{d}T\,. \quad (3.10)$$

Durch Ausführung der Integration und Ersetzen des letzten Terms auf der rechten Seite durch den Ausdruck (2.67) erhält man

$$\ln e_w(T) = \ln e_w(T_{tr}) - \left(\frac{a_0}{R_v} + b_0\right)\left(\frac{1}{T} - \frac{1}{T_{tr}}\right) + \left(\frac{a_2}{R_v} - b_2\right)(T - T_{tr}) + \left(\frac{a_3}{2R_v} - b_3\right)(T^2 - T_{tr}^2) + \left(\frac{a_1}{R_v} - b_1\right)\ln\frac{T}{T_{tr}}\,. \quad (3.11)$$

Durch Einsetzen der Werte $T_{tr} = 273{,}16$ K, $e_w(T_{tr}) = 611{,}657$ Pa und $R_v = 0{,}46152\ \mathrm{J\,g^{-1}\,K^{-1}}$ sowie der Werte für die Konstanten a_0 bis a_3 und b_0 bis b_3 erhält man 5 neue Konstanten c_0 bis c_4.

$$\ln e_w(T) = c_0\cdot\frac{1}{T} + c_1 + c_2\cdot T + c_3\cdot T^2 + c_4\cdot\ln T\,. \quad (3.12)$$

Die berechneten Zahlenwerte für die 5 Konstanten ergaben nach Einsetzen in die Gleichung einen um 3,4 Pa zu hohen Wert beim Siedepunkt des Wassers. Daher wurden die Koeffizienten erneut — nunmehr an die Sättigungsdampfdruckwerte beim Siedepunkt des Wassers — angepaßt. Die angepaßten Werte für die thermodynamische Temperaturskale sind:

$$c_0 = -6043{,}6117\ \mathrm{K}$$
$$c_1 = 18{,}93292601$$
$$c_2 = -2{,}8244925\cdot 10^{-2}\ \mathrm{K^{-1}}$$
$$c_3 = 1{,}7250331\cdot 10^{-5}\ \mathrm{K^{-2}}$$
$$c_4 = 2{,}858487\,.$$

Anschließend wurde die Umwandlung der Konstanten auf die IPTS-68 mit Hilfe der Werte der Gleichung von L. A. GUILDNER und R. E. EDSINGER (1976) vorgenommen:

$$T - T_{68} = -120887{,}784\cdot T_{68}^{-2} + 1213{,}53295\cdot T_{68}^{-1} - 4{,}3159552 + 6{,}44075647\cdot 10^{-3}\cdot T_{68} - 3{,}56638846\cdot 10^{-6}\cdot T_{68}^2\,. \quad (3.13)$$

Die Gleichung gilt für den Temperaturbereich 273 bis 730 K. Bei 373 K beträgt für eine statistische Sicherheit von 99 % die Abweichung ±0,003 K. A. WEXLER (1976) reduzierte diese Gleichung auf den Temperaturbereich 273 bis 473 K, wobei berücksichtigt ist, daß beim Tripelpunkt $T = T_{68}$ ist.

$$T - T_{68} = -0{,}4949479 + 4{,}6352557\cdot 10^{-3}\cdot T - 1{,}3852156\cdot 10^{-5}\cdot T^2 + 1{,}2872954\cdot 10^{-8}\cdot T^3\,. \quad (3.14)$$

Durch algebraische Konvertierung mit der Formel für den Sättigungsdampfdruck erhielt er eine 8-Konstanten-Formel für den Sättigungsdampfdruck für Temperaturen nach der IPTS-68. Diese konnte aber mit Hilfe der Werte bei jedem K und der Methode der kleinsten Quadrate auf die 5-Konstanten-Formel zurückgeführt werden. Auch eine 4-Konstanten-Formel (ohne das ln T-Glied) wurde so berechnet. Die beiden letztgenannten Formeln lauten für e_w in Pa für den Temperaturbereich 0 bis 100 °C

$$\ln e_w = -6095{,}1748\,\frac{1}{T_{68}} + 21{,}16173595 - 2{,}7222404\cdot 10^{-2}\cdot T_{68} + 1{,}6840790\cdot 10^{-5}\cdot T_{68}^2 + 2{,}4505058\cdot\ln T_{68}\,, \quad (3.15)$$

$$\ln e_w = -6353{,}6311\,\frac{1}{T_{68}} + 34{,}04926034 - 1{,}9509874\cdot 10^{-2}\cdot T_{68} + 1{,}2811805\cdot 10^{-5}\,T_{68}^2\,. \quad (3.16)$$

Die Übereinstimmung beim Siedepunkt war nicht ganz exakt gelungen. Zur gleichen Zeit berechnete D. SONNTAG (1979a) Formeln des Sättigungsdampfdruckes über Wasser und über Eis unter Zugrundelegung der Sättigungsdampfdruckwerte über Wasser im Temperaturbereich 0 bis 100 °C nach L. GREENSPAN und A. WEXLER (1971) und im negativen Temperaturbereich für Wasser und für Eis nach der von der WMO (1975) angegebenen GOFF- und GRATCH-Formel unter Anpassung der Werte an den schon erwähnten neuen Sättigungsdampfdruckwert am Tripelpunkt des Wassers von 611,657 Pa. Die Berechnung geschah mit jeweils 5 Bestimmungsgleichungen bei 5 ausgewählten Temperaturen. Somit war eine gute Anpassung an die Punkte —50 und 100 °C und die Tripelpunkttemperatur 0,01 °C = 273,16 K möglich. Aus den in Kap. 2 genannten Gründen werden die Sättigungsdampfdruckwerte über Wasser zwischen —100 und —50 °C durch diese Formel definiert.

Die Formeln lauten mit $T_{68} = (273{,}15 + t_{68})$ in K und e_w bzw. e_i in Pa, wobei die s_{rel} die relativen Standardabweichungen der Sättigungsdampfdruckwerte sind,

$$t_{68}: -100 \text{ bis } 100\ °\text{C (Wasser)};$$
$$-50 \text{ bis } 0\ °\text{C}: \quad s_{rel} < \pm 0{,}28\,\%,$$
$$0 \text{ bis } 100\ °\text{C}: s_{rel} < \pm 0{,}005\,\%,$$

$$\ln e_w = -6094{,}4642 \cdot T_{68}^{-1} + 21{,}1249952 - 2{,}7245552 \cdot 10^{-2} \cdot T_{68} + 1{,}6853396 \cdot 10^{-5} \cdot T_{68}^2 + 2{,}4575506 \cdot \ln T_{68}\,. \quad (3.17)$$

Wenn anstelle des Gliedes 21,1249952 der Wert 16,51982501 eingesetzt wird, erhält man e_w in hPa oder mbar (1 hPa = 1 mbar).

$$t_{68}: -100 \text{ bis } 0{,}01\ °\text{C (Eis)}; \quad s_{rel} < \pm 0{,}5\,\%,$$

$$\ln e_i = -5504{,}4088 \cdot T_{68}^{-1} - 3{,}5704628 - 1{,}7337458 \cdot 10^{-2} \cdot T_{68} + 6{,}5204209 \cdot 10^{-6} \cdot T_{68}^2 + 6{,}1295027 \cdot \ln T_{68}\,. \quad (3.18)$$

Wenn anstelle des Gliedes −3,5704628 der Wert −8,175632986 eingesetzt wird, erhält man e_i in hPa oder mbar.

Sättigungsdampfdrücke über Wasser sind in Tab. 15 und über Eis in Tab. 16 mit den Standardabweichungen absolut und relativ für 10-K-Schritte angegeben. Außerdem enthalten diese Tabellen die Differentialquotienten nach der Temperatur, und Tab. 16 enthält die Verhältnisse e_w/e_i.

D. Sonntag und D. Heinze (1982) haben Zahlentafeln der Sättigungsdampfdruckwerte nach diesen Formeln in Schritten von 0,1 K berechnet. Die mit den Gleichungen (3.17) und (3.18) berechneten Werte werden hier als Normwerte benutzt und in den folgenden Kapiteln mit e_{w_n} und e_{i_n} bezeichnet.

Sowohl A. Wexler und L. Greenspan (1971) als auch der Verfasser haben versucht, die Berechnung der Formeln für den Sättigungsdampfdruck in der Weise durchzuführen, daß statt der γ_v-Funktion 3. Grades in Abhängigkeit von der thermodynamischen Temperatur T nach der Gleichung (2.18) gleich die γ_v-Funktion 3. Grades in Abhängigkeit von der Temperatur T_{68} nach der IPTS-68 nach Gleichung (2.19) in (2.5) eingesetzt wird. Ferner versuchten sie, die Integration der modifizierten Clausius-Clapeyronschen Gleichung mit den Temperaturen T_{68} durchzuführen. Diese Verfahrensweise führte nicht exakt zum Ziel. Sowohl mit $\gamma_v = \gamma_v(T)$ als auch mit $\gamma_v = \gamma_v(T_{68})$ erhält man den Sättigungsdampfdruck nach der thermodynamischen Temperaturskale. Beim Siedepunkt des Wassers ist nach der IPTS-68 $e_w = 101\,325$ Pa (Definition). Nach der thermodynamischen Temperaturskale ist $e_w = 101\,416{,}33$ Pa. In den Temperaturskalen ist der Wert $t_{68} = 100{,}0252$ °C, wenn $t = 100{,}0$ °C in der thermodynamischen Temperaturskale ist; oder wenn $t_{68} = 100{,}0$ °C ist, dann ist $t = 99{,}9748$ °C in der thermodynamischen Temperaturskale. Es ergibt sich nach Korrektion mit der Z-Funktion für jeweils $T = 373{,}15$ K

mit T_{68}:	101 423,73 Pa ,
richtig ist:	101 325,00 Pa ,
	Differenz: 98,73 Pa, etwa 0,1 %;
mit T:	101 420,19 Pa ,
richtig ist:	101 416,33 Pa ,
	Differenz: 3,86 Pa, etwa 0,004 % .

Der Grund ist darin zu suchen, daß die Temperaturabhängigkeit der γ_v-Werte 30mal unempfindlicher ist als die der Sättigungsdampfdruckwerte. Zufällig kommen aber nun gerade die Sättigungsdampfdruckwerte bei den thermodynamischen Temperaturen recht gut heraus, für die eigentlich die Clausius-Clapeyronsche Gleichung auch streng gültig ist.

Einen gleichen Typ wie in Gleichung (3.15) gezeigt gab auch E. W. Washburn (1924) für die Sättigungsdampfdruckwerte über Eis an, mit denen die Werte für die „International Critical Tables" berechnet wurden. Die Konstanten dieser Formel sind veraltet und werden daher hier nicht angegeben. Aus dem gleichen Grund werden die Konstanten für eine Formel mit 7 Konstanten vom Typ

$$\ln e_w = \frac{A}{T} + B + C \cdot T + D \cdot T^2 + E \cdot T^3 + F \cdot T^4 + G \cdot \ln T \quad (3.19)$$

nach F. G. Keyes (1947), die für die Berechnung der Smithsonian Meteorological Tables (siehe R. J. List (1951)) verwendet wurde, nicht angegeben.

4. Ein auf thermodynamischer Basis auf der Grundlage der Gleichung von Clausius-Clapeyron abgeleiteter Typ von Sättigungsdampfdruck-Formeln in bezug auf Wasser und Eis mit schrittweiser Verringerung der Genauigkeit

Im Kap. 3 wurde deutlich, daß es nicht möglich ist, durch Einsetzen eines Polynoms 3. Grades von $\gamma_v = \gamma_v(T_{68})$ in Gleichung (2.5) die Sättigungsdampfdruckwerte ganz exakt zu erhalten, da die Temperaturabhängigkeit der γ_v-Werte 30mal unempfindlicher ist als die der Sättigungsdampfdruckwerte. Hier wird nun gezeigt, wie groß die Abweichungen sind, wenn rein theoretisch die Kostanten a_0 bis a_3 der γ_v- und der γ_s-Funktion und die Konstanten b_0 bis b_3 der Z-Funktion bei der Berechnung der Konstanten für die Sättigungsdampfdruck-Formeln eingesetzt werden. Gleichzeitig werden empirisch bestimmte Konstanten der Sättigungsdampfdruck-Formeln mitgeteilt, mit denen die Formeln in der Praxis verwendet werden können. Die Ableitung beginnt mit der 5-Konstanten-Formel und wird unter Weglassung von jeweils einem Term bis zur 2-Konstanten-Formel geführt. Als Nullpunkt der Integration wird hier $T_0 = 273{,}15$ K gewählt. Integriert wird jeweils bis zur Temperatur T_{68}.

4.1. Sättigungsdampfdruck-Formeln in bezug auf Wasser und Eis mit 5 Konstanten

Es wird ausgegangen von der modifizierten Gleichung von CLAUSIUS-CLAPEYRON für Wasser und für Eis, in die die v_{vw} und v_{vi} nach der Gasgleichung (2.3) bereits eingesetzt sind. Die Temperatur T wird als T_{68} eingesetzt.

$$\frac{\mathrm{d}e_w}{\mathrm{d}T} = \frac{e_w \cdot \gamma_v(T_{68})}{T_{68}^2 \cdot R_v \cdot Z(T_{68})} \quad \text{für Wasser,} \tag{4.1}$$

$$\frac{\mathrm{d}e_i}{\mathrm{d}T} = \frac{e_i \cdot \gamma_s(T_{68})}{T_{68}^2 \cdot R_v \cdot Z(T_{68})} \quad \text{für Eis.} \tag{4.2}$$

Durch Umrechnung der Konstanten der von A. WEXLER (1976) angegebenen Polynome für die thermodynamische Temperatur T $\gamma_v = \gamma_v(T)$ und $Z = Z(T)$ erhält man $\gamma_v = \gamma_v(T_{68})$ und $Z = Z(T_{68})$. Es wird danach

$$\gamma_v = a_{v0} + a_{v1} \cdot T_{68} + a_{v2} \cdot T_{68}^2 + a_{v3} \cdot T_{68}^3 \tag{4.3}$$

und

$$Z = \exp\left\{b_0\left(\frac{1}{T_{68}} - \frac{1}{T_0}\right) + b_2(T_{68} - T_0) + b_3(T_{68}^2 - T_0^2) + b_1 \cdot \ln\frac{T_{68}}{T_0}\right\}. \tag{4.4}$$

Die Konstanten für das Polynom $\gamma_s = \gamma_s(T_{68})$ wurden mit Hilfe der γ_s-Werte aus (2.33)

$$\gamma_s = \frac{R_v \cdot Z \cdot T_1 \cdot T_2}{T_2 - T_1} \ln\frac{e_{i2}}{e_{i1}} \tag{4.5}$$

und der Temperaturen in 10-K-Schritten berechnet. $T_2 - T_1$ wurde mit 0,1 K angesetzt. Als Z-Werte wurden die Z^*-Werte aus Tab. 9 benutzt.

$$\gamma_s = a_{s0} + a_{s1} \cdot T_{68} + a_{s2} \cdot T_{68}^2 + a_{s3} \cdot T_{68}^3. \tag{4.6}$$

Durch Einsetzen von (4.3) und (4.4) in (4.1) und Variablentrennung kann man die Integralgleichung unter Beachtung von (2.66) und (2.67) schreiben:

$$\int_{e_{w0}}^{e_w} \frac{\mathrm{d}e_w}{e_w} = \frac{a_{v0}}{R_v}\int_{T_0}^{T_{68}} \frac{\mathrm{d}T}{T^2} + \frac{a_{v1}}{R_v}\int_{T_0}^{T_{68}} \frac{\mathrm{d}T}{T} + \frac{a_{v2}}{R_v}\int_{T_0}^{T_{68}} \mathrm{d}T + \frac{a_{v3}}{R_v}\int_{T_0}^{T_{68}} T\,\mathrm{d}T - b_0\left(\frac{1}{T_{68}} - \frac{1}{T_0}\right) - b_1 \times \ln\frac{T_{68}}{T_0} - b_2(T_{68} - T_0) - b_3(T_{68}^2 - T_0^2). \tag{4.7}$$

Durch Einsetzen von (4.6) in (4.2) und Variablentrennung erhält man als Integralgleichung

$$\int_{e_{i0}}^{e_i} \frac{\mathrm{d}e_i}{e_i} = \frac{a_{s0}}{R_v}\int_{T_0}^{T_{68}} \frac{\mathrm{d}T}{T^2} + \frac{a_{s1}}{R_v}\int_{T_0}^{T_{68}} \frac{\mathrm{d}T}{T} + \frac{a_{s2}}{R_v}\int_{T_0}^{T_{68}} \mathrm{d}T + \frac{a_{s3}}{R_v}\int_{T_0}^{T_{68}} T\,\mathrm{d}T. \tag{4.8}$$

Nach Ausführung der Integration erhält man für e_w und e_i nach Umstellung

$$\ln e_w = \ln e_{w0} - \left(\frac{a_{v0}}{R_v} + b_0\right)\left(\frac{1}{T_{68}} - \frac{1}{T_0}\right) + \left(\frac{a_{v2}}{R_v} - b_2\right)(T_{68} - T_0) + \left(\frac{a_{v3}}{2R_v} - b_3\right)(T_{68}^2 - T_0^2) + \left(\frac{a_{v1}}{R_v} - b_1\right)\ln\frac{T_{68}}{T_0}, \tag{4.9}$$

$$\ln e_i = \ln e_{i0} - \frac{a_{s0}}{R_v}\left(\frac{1}{T_{68}} - \frac{1}{T_0}\right) + \frac{a_{s2}}{R_v}(T_{68} - T_0) + \frac{a_{s3}}{2R_v}(T_{68}^2 - T_0^2) + \frac{a_{s1}}{R_v}\ln\frac{T_{68}}{T_0}. \tag{4.10}$$

Die Gleichungen (4.9) und (4.10) lassen sich schreiben

$$\ln e_w = \frac{A_w}{T_{68}} + B_w + C_w \cdot T_{68} + D_w \cdot T_{68}^2 + E_w \cdot \ln T_{68}, \tag{4.11}$$

$$\ln e_i = \frac{A_i}{T_{68}} + B_i + C_i \cdot T_{68} + D_i \cdot T_{68}^2 + E_i \cdot \ln T_{68} \tag{4.12}$$

mit

$$A_w = -\left(\frac{a_{v0}}{R_v} + b_0\right), \tag{4.13}$$

$$B_w = \ln e_{w0} + \left(\frac{a_{v0}}{R_v} + b_0\right)\frac{1}{T_0} - \left(\frac{a_{v2}}{R_v} - b_2\right)T_0 - \left(\frac{a_{v3}}{2R_v} - b_3\right)T_0^2 - \left(\frac{a_{v1}}{R_v} - b_1\right)\ln T_0, \tag{4.14}$$

$$C_w = \frac{a_{v2}}{R_v} - b_2 , \quad (4.15)$$

$$D_w = \frac{a_{v3}}{2R_v} - b_3 , \quad (4.16)$$

$$E_w = \frac{a_{v1}}{R_v} - b_1 . \quad (4.17)$$

Es ist auch

$$B_w = \ln e_{w0} - \frac{A_w}{T_0} - C_w \cdot T_0 - D_w \cdot T_0^2 - E_w \cdot \ln T_0) . \quad (4.18)$$

Ferner ist

$$A_i = - \frac{a_{s0}}{R_v} , \quad (4.19)$$

$$B_i = \ln e_{i0} + \frac{a_{s0}}{R_v} \frac{1}{T_0} - \frac{a_{s2}}{R_v} T_0 - \frac{a_{s3}}{2R_v} T_0^2 - \frac{a_{s1}}{R_v} \ln T_0 , \quad (4.20)$$

$$C_i = \frac{a_{s2}}{R_v} , \quad (4.21)$$

$$D_i = \frac{a_{s3}}{2R_v} , \quad (4.22)$$

$$E_i = \frac{a_{s1}}{R_v} . \quad (4.23)$$

Außerdem ist

$$B_i = \ln e_{i0} - \frac{A_i}{T_0} - C_i \cdot T_0 - D_i \cdot T_0^2 - E_i \cdot \ln T_0 . \quad (4.24)$$

Es sind somit in Gleichung (4.11) die ursprünglich 11 Konstanten und in Gleichung (4.12) die ursprünglich 7 Konstanten jeweils auf 5 Konstanten reduziert worden.

Die Konstanten zur Berechnung der Konstanten für die Gleichungen (4.11) und (4.12) haben folgende Zahlenwerte für die IPTS-68:
Im Bereich 223,15 bis 373,15 K bzw. —50 bis 100 °C

$$a_{v0} = 3{,}425084124 \cdot 10^3 \ \mathrm{J\,g^{-1}}$$
$$a_{v1} = -5{,}238799221 \ \mathrm{J\,g^{-1}\,K^{-1}}$$
$$a_{v2} = 9{,}8870074 \cdot 10^{-3} \ \mathrm{J\,g^{-1}\,K^{-2}}$$
$$a_{v3} = -1{,}1332 \cdot 10^{-5} \ \mathrm{J\,g^{-1}\,K^{-3}}$$

$$b_0 = -1{,}375295080 \cdot 10^3 \ \mathrm{K}$$
$$b_1 = -1{,}418682325 \cdot 10^1$$
$$b_2 = 4{,}959127919 \cdot 10^{-2} \ \mathrm{K^{-1}}$$
$$b_3 = -2{,}948385552 \cdot 10^{-5} \ \mathrm{K^{-2}} ,$$

wobei bis 173,15 K bzw. —100 °C extrapoliert werden kann.

Im Bereich 173,15 bis 273,16 K bzw. —100 bis 0,01 °C

$$a_{s0} = 2{,}54319345 \cdot 10^3 \ \mathrm{J\,g^{-1}}$$
$$a_{s1} = 2{,}772958 \ \mathrm{J\,g^{-1}\,K^{-1}}$$
$$a_{s2} = -7{,}64373 \cdot 10^{-3} \ \mathrm{J\,g^{-1}\,K^{-2}}$$
$$a_{s2} = 5{,}27857 \cdot 10^{-6} \ \mathrm{J\,g^{-1}\,K^{-3}} .$$

Ferner ist

$$e_{w0} = 6{,}11213 \ \mathrm{hPa}$$
$$e_{i0} = 6{,}11153 \ \mathrm{hPa}$$
$$R_v = 0{,}46152 \ \mathrm{J\,g^{-1}\,K^{-1}} .$$

Die mit diesen Konstanten berechneten Werte für A_w, B_w, C_w, D_w und E_w bzw. A_i, B_i, C_i, D_i und E_i sind für die einzelnen Temperaturbereiche in Tab. 17 eingetragen. Gleichzeitig sind Konstantenwerte eingetragen, die direkt aus den e_w- bzw. e_i-Werten berechnet worden sind. Letztgenannte Konstanten werden als Normkonstanten betrachtet, da es die Konstanten für die Referenzformeln sind, wie in Kap. 3 gezeigt wurde.

Die e_w- bzw. e_i-Werte, die mit den Konstanten von Tab. 17 berechnet wurden, sind mit den relativen Abweichungen in % von den Normwerten in den Tabellen 18 und 19 eingetragen.

In den Tabellen kann man die Absolutwerte mit den Normwerten vergleichen, und man findet daneben die prozentualen Abweichungen gegen die Normwerte. Die Z-Funktion wurde zwischen 0 und 100 °C exakt berechnet. Darunter sind die Werte extrapoliert. Die Spalte $\Delta Z/Z$ zeigt die prozentualen Werte der Angleichung der Konstanten an die tatsächliche Z-Funktion. Bei den Sättigungsdampfdrücken in bezug auf Wasser haben die Werte, die mit der Z-Funktion berechnet worden sind, zwischen —50 und 100 °C Abweichungen von maximal $< \pm 0{,}1\,\%$ und im Bereich —100 bis 100 °C von maximal $< \pm 0{,}7\,\%$. Wenn die Z-Funktion konstant gleich 1 gesetzt wird, werden die Abweichungen größer und erreichen von —100 bis 100 °C $\pm 7{,}4\,\%$. $Z = 1$ bedeutet, daß mit konstanter Gaskonstante R_v gerechnet und demzufolge der ideale Gaszustand zugrundegelegt wurde. Innerhalb eines maximalen relativen Fehlers von $< \pm 0{,}5\,\%$ ist eine solche Sättigungsdampfdruckformel nur im Temperaturbereich von —40 bis 50 °C brauchbar. Es sei noch erwähnt, daß die γ_v-Funktion im Bereich 0 bis 100 °C angepaßt wurde, da unterhalb von 0 °C die γ_v-Werte unsicher sind. Die Fehler bei den negativen Celsius-Temperaturen sind im wesentlichen durch die Extrapolation bedingt. Bei der Sättigungsdampfdruckformel, die mit $Z = Z(T_{68})$ berechnet wurde, werden die γ_v-Fehler durch Z-Fehler bei negativen Celsius-Temperaturen aufgehoben. Die Werte der Sättigungsdampfdrücke über Eis in Tab. 19 haben zwischen —100 und 0 °C Abweichungen von maximal $< \pm 0{,}07\,\%$.

Im allgemeinen ist es günstig, mit der logarithmischen Form nach den Gleichungen (4.11) und (4.12) zu rechnen. Es kann aber auch e_w und e_i explizit angegeben werden:

$$e_w = T_{68}^{E_w} \cdot \exp\left\{\frac{A_w}{T_{68}} + B_w + C_w \cdot T_{68} + D_w \cdot T_{68}^2\right\} \quad (4.25)$$

oder

$$e_w = e_{w0}\left(\frac{T_{68}}{T_0}\right)^{E_w} \cdot \exp\left\{A_w\left(\frac{1}{T_{68}} - \frac{1}{T_0}\right) + C_w(T_{68} - T_0) + D_w(T_{68}^2 - T_0^2)\right\} \quad (4.26)$$

und

$$e_i = T_{68}^{E_i} \cdot \exp\left\{\frac{A_i}{T_{68}} + B_i + C_i \cdot T_{68} + D_i \cdot T_{68}^2\right\} \quad (4.27)$$

oder

$$e_i = e_{i0}\left(\frac{T_{68}}{T_0}\right)^{E_i} \cdot \exp\left\{A_i\left(\frac{1}{T_{68}} - \frac{1}{T_0}\right) + C_i(T_{68} - T_0) + D_i(T_{68}^2 - T_0^2)\right\}. \quad (4.28)$$

Wenn γ_v nur als Funktion von t in °C vorliegt und nicht von T in K, ist die Berechnung der Konstanten für die Sättigungsdampfdruck-Formel aufwendiger, wie die folgende Entwicklung der Formel des Sättigungsdampfdruckes über Wasser als Beispiel zeigt.

Es liege $\gamma_v(t_{68})$ in der Form

$$\gamma_v(t_{68}) = q_{v0} + q_{v1} \cdot t_{68} + q_{v2} \cdot t_{68}^2 + q_{v3} \cdot t_{68}^3 \quad (4.29)$$

vor. Da die Gleichung von CLAUSIUS-CLAPEYRON für thermodynamische Temperaturen gültig ist, muß (4.29) mit Hilfe der Beziehung $t_{68} = T_{68} - T_0$ in ein Polynom in T — wobei wir hier T_{68} verwenden — umgeformt werden:

$$\begin{aligned}\gamma_v(T_{68}) &= q_{v0} + q_{v1}(T_{68} - T_0) + q_{v2}(T_{68} - T_0)^2 + q_{v3}(T_{68} - T_0)^3 \\ &= (q_{v0} - q_{v1} \cdot T_0 + q_{v2} \cdot T_0^2 - q_{v3} \cdot T_0^3) \\ &\quad + (q_{v1} - 2 \cdot q_{v2} \cdot T_0 + 3 \cdot q_{v3} \cdot T_0^2)\, T_{68} \\ &\quad + (q_{v2} - 3 \cdot q_{v3} \cdot T_0)\, T_{68}^2 + q_{v3} \cdot T_{68}^3 \\ &= a_{v0} + a_{v1} \cdot T_{68} + a_{v2} \cdot T_{68}^2 + a_{v3} \cdot T_{68}^3 .\end{aligned} \quad (4.30)$$

Es ist somit:

$$a_{v0} = q_{v0} - q_{v1} \cdot T_0 + q_{v2} \cdot T_0^2 - q_{v3} \cdot T_0^3 , \quad (4.31)$$

$$a_{v1} = q_{v1} - 2 \cdot q_{v2} \cdot T_0 + 3 \cdot q_{v3} \cdot T_0^2 , \quad (4.32)$$

$$a_{v2} = q_{v2} - 3 \cdot q_{v3} \cdot T_0 , \quad (4.33)$$

$$a_{v3} = q_{v3} . \quad (4.34)$$

Mit diesen Konstanten a_{v0} bis a_{v3} kann nun die Integration, wie vorher beschrieben, durchgeführt werden. Die Konstanten der Formel des Sättigungsdampfdruckes über Wasser ergeben sich dann mit den Konstanten der Gleichung (4.29) zu

$$A_w = -\left(\frac{q_{v0} - q_{v1} \cdot T_0 + q_{v2} \cdot T_0^2 - q_{v3} \cdot T_0^3}{R_v} + b_0\right), \quad (4.35)$$

$$\begin{aligned}B_w = \ln e_{w0} &+ \left(\frac{q_{v0} - q_{v1} \cdot T_0 + q_{v2} \cdot T_0^2 - q_{v3} \cdot T_0^3}{R_v} + b_0\right)\frac{1}{T_0} - \\ &- \left(\frac{q_{v2} - 3 \cdot q_{v3} \cdot T_0}{R_v} - b_2\right) T_0 - \left(\frac{q_{v3}}{2 \cdot R_v} - b_3\right) T_0^2 - \\ &- \left(\frac{q_{v1} - 2 \cdot q_{v2} \cdot T_0 + 3 \cdot q_{v3} \cdot T_0^2}{R_v} - b_1\right) \ln T_0 ,\end{aligned} \quad (4.36)$$

$$C_w = \frac{q_{v2} - 3 \cdot q_{v3} \cdot T_0}{R_v} - b_2 , \quad (4.37)$$

$$D_w = \frac{q_3}{2 \cdot R_v} - b_3 , \quad (4.38)$$

$$E_w = \frac{q_{v1} - 2 \cdot q_{v2} \cdot T_0 + 3 \cdot q_{v3} \cdot T_0^2}{R_v} - b_1 . \quad (4.39)$$

Es ist auch

$$B_w = \ln e_{w0} - \frac{A_w}{T_0} - C_w \cdot T_0 - D_w \cdot T_0^2 - E_w \cdot \ln T_0 . \quad (4.40)$$

4.2. Sättigungsdampfdruck-Formeln in bezug auf Wasser und Eis mit 4 Konstanten

Wenn γ_v und γ_s als Gleichungen 2. Grades,

$$\gamma_v = a_{v0} + a_{v1} \cdot T_{68} + a_{v2} \cdot T_{68}^2 \quad (4.41)$$

und

$$\gamma_s = a_{s0} + a_{s1} \cdot T_{68} + a_{s2} \cdot T_{68}^2 , \quad (4.42)$$

geschrieben wird, und wenn ebenfalls die Z-Funktion um das Glied der höchsten Potenz reduziert wird,

$$Z = \exp\left\{b_0\left(\frac{1}{T_{68}} - \frac{1}{T_0}\right) + b_2(T_{68} - T_0) + b_1 \cdot \ln \frac{T_{68}}{T_0}\right\}, \quad (4.43)$$

erhält man analog, wie in Kap. 4.1 gezeigt, durch Einsetzen der Funktion in (4.1) und (4.2) und Integration die Sättigungsdampfdruck-Formeln mit 4 Konstanten:

$$\ln e_w = \frac{A_w}{T_{68}} + B_w + C_w \cdot T_{68} + D_w \cdot \ln T_{68} \quad (4.44)$$

und

$$\ln e_i = \frac{A_i}{T_{68}} + B_i + C_i \cdot T_{68} + D_i \cdot \ln T_{68} \quad (4.45)$$

mit

$$A_w = -\left(\frac{a_{v0}}{R_v} + b_0\right), \qquad (4.46)$$

$$B_w = \ln e_{w0} + \left(\frac{a_{v0}}{R_v} + b_0\right)\frac{1}{T_0} - \left(\frac{a_{v2}}{R_v} - b_2\right)T_0 - \left(\frac{a_{v1}}{R_v} - b_1\right)\ln T_0, \qquad (4.47)$$

$$C_w = \frac{a_{v2}}{R_v} - b_2, \qquad (4.48)$$

$$D_w = \frac{a_{v1}}{R_v} - b_1. \qquad (4.49)$$

Es ist auch

$$B_w = \ln e_{w0} - \frac{A_w}{T_0} - C_w \cdot T_0 - D_w \cdot \ln T_0. \qquad (4.50)$$

Ferner ist

$$A_i = -\frac{a_{s0}}{R_v} \qquad (4.51)$$

$$B_i = \ln e_{i0} + \frac{a_{s0}}{R_v}\frac{1}{T_0} - \frac{a_{s2}}{R_v}T_0 - \frac{a_{s1}}{R_v}\ln T_0, \qquad (4.52)$$

$$C_i = \frac{a_{s2}}{R_v}, \qquad (4.53)$$

$$D_i = \frac{a_{s1}}{R_v}. \qquad (4.54)$$

Außerdem ist

$$B_i = \ln e_{i0} - \frac{A_i}{T_0} - C_i T_0 - D_i \ln T_0. \qquad (4.55)$$

Somit sind in Gleichung (4.44) die ursprünglich 9 Konstanten und in Gleichung (4.47) die ursprünglich 6 Konstanten jeweils auf 4 Konstanten reduziert worden.

Die Konstanten a_{v0} bis a_{v2}, a_{s0} bis a_{s2} und b_0 bis b_2 wurden aus den γ_v-, γ_s- und Z-Werten der Polynome (4.3), (4.6) und (4.4) berechnet. Bei der quadratischen γ_v-Funktion liegen die Werte gegenüber der kubischen Gleichung bei max. $< \pm 0{,}024\%$ und bei der γ_s-Funktion bei max. $< \pm 0{,}01\%$. Die maximalen relativen Abweichungen der quadratischen Z-Funktion von der kubischen liegen bei $< \pm 0{,}04\%$.

Auch hier wurden die Funktionen γ_v und Z mit Werten aus dem Temperaturbereich 0 bis 100 °C berechnet. Bei negativen Celsius-Temperaturen liegen keine sehr genauen Werte vor, so daß in diesem Bereich extrapoliert wird. Die Genauigkeitsangaben beziehen sich bei γ_v und Z auf den Bereich 0 bis 100 °C.

Die Konstanten zur Berechnung der Konstanten der Gleichungen (4.44) und (4.45) haben folgende Zahlenwerte für die IPTS-68: Im Bereich 223,15 bis 373,15 K bzw. —50 bis 100 °C

$$\begin{aligned}
a_{v0} &= 3{,}049393184 \cdot 10^3 \text{ J g}^{-1} \\
a_{v1} &= -1{,}7015051 \quad \text{J g}^{-1}\text{ K}^{-1} \\
a_{v2} &= -1{,}123 \cdot 10^{-3} \quad \text{J g}^{-1}\text{ K}^{-2} \\
b_0 &= 3{,}9709779 \cdot 10^2 \text{ K} \\
b_1 &= 3{,}000387974 \\
b_2 &= -5{,}6922262 \cdot 10^{-3}\text{ K}^{-1},
\end{aligned}$$

wobei bis 173,15 K bzw. —100 °C extrapoliert werden kann. Im Bereich 173,15 bis 273,16 K bzw. —100 bis 0,01 °C

$$\begin{aligned}
a_{s0} &= 2{,}59730503 \cdot 10^3 \text{ J g}^{-1} \\
a_{s1} &= 2{,}01268794 \quad \text{J g}^{-1}\text{ K}^{-1} \\
a_{s2} &= -4{,}1438 \cdot 10^{-3} \quad \text{J g}^{-1}\text{ K}^{-2}.
\end{aligned}$$

Ferner ist

$$\begin{aligned}
e_{w0} &= 6{,}11213 \text{ hPa}, \\
e_{i0} &= 6{,}11153 \text{ hPa}, \\
R_v &= 0{,}46152 \text{ J g}^{-1}\text{ K}^{-1}.
\end{aligned}$$

Die mit diesen Konstanten berechneten Werte für die A_w, B_w, C_w und D_w bzw. A_i, B_i, C_i und D_i sind für die einzelnen Temperaturbereiche in Tab. 20 eingetragen. Gleichzeitig sind die Werte eingetragen, die direkt aus den e_w- bzw. e_i-Normwerten berechnet worden sind. Die e_w- bzw. e_i-Werte, die mit den Konstanten von Tab. 20 berechnet worden sind, sind gemeinsam mit den relativen Abweichungen von den Normwerten der 5-Konstanten-Formel in % in den Tabellen 21 und 22 zu finden.

Die Werte in Tab. 21, die mit der Funktion $Z = Z(T_{68})$ berechnet worden sind, weichen zwischen —50 und 100 °C max. $< \pm 0{,}5\%$ ab. Die Abweichungen erreichen bei —100 °C —5,2%, da ja die Z-Funktion in diesem Bereich extrapoliert ist. Wenn $Z = 1$ gesetzt wird, erreichen die Werte —2,1% bei 100 °C und —1,2% bei —100 °C. Für einen max. relativen Fehler $< \pm 0{,}5\%$ kann nur das Temperaturintervall —80 bis 50 °C angegeben werden. Die Fehler der Z-Funktion sind in der Spalte $\Delta Z/Z$ eingetragen. Zwischen —50 und 100 °C wurden die Werte der letzten Spalte aus einer Sättigungsdampfdruckformel errechnet, deren Konstanten rechnerisch direkt aus den Normwerten gewonnen worden waren. In diesem Bereich liegen die Abweichungen bei maximal $< \pm 0{,}08\%$ und erreichen bei —100 °C einen maximalen relativen Fehler von —3,3%.

In Tab. 22 sind die Sättigungsdampfdruckwerte in bezug auf Eis eingetragen. Die Werte, die mit der γ_s-Funktion berechnet worden sind, weichen maximal $< \pm 0{,}06\%$ ab. Wenn die Konstanten A_i, B_i, C_i und D_i der Sättigungsdampfdruckformel direkt aus den Normwerten berechnet werden, weichen die Werte maximal $< \pm 0{,}01\%$ ab.

Dieser 4-Konstanten-Typ wurde früher schon für e_w von H. KÖHLER (1926) und für e_i nach Angaben von H. SPENCER-GREGORY und E. ROURKE (1957), von W. H. NERNST und später auch von F. MÖLLER und K. BULLRICH (1961) benutzt.

Im allgemeinen ist es günstig, mit der logarithmischen Form nach Gleichung (4.44) und (4.45) zu rechnen. Es kann aber auch e_w und e_i explizit angegeben werden.

$$e_w = T_{68}^{D_w} \exp\left\{\frac{A_w}{T_{68}} + B_w + C_w \cdot T_{68}\right\} \quad (4.56)$$

oder

$$e_w = e_{w0}\left(\frac{T_{68}}{T_0}\right)^{D_w} \times$$
$$\times \exp\left\{A_w\left(\frac{1}{T_{68}} - \frac{1}{T_0}\right) + C_w(T_{68} - T_0)\right\} \quad (4.57)$$

und

$$e_i = T_{68}^{D_i} \exp\left\{\frac{A_i}{T_{68}} + B_i + C_i \cdot T_{68}\right\} \quad (4.58)$$

oder

$$e_i = e_{i0}\left(\frac{T_{68}}{T_0}\right)^{D_i} \times$$
$$\times \exp\left\{A_i\left(\frac{1}{T_{68}} - \frac{1}{T_0}\right) + C_i(T_{68} - T_0)\right\}. \quad (4.59)$$

Wenn γ_v nur als Funktion von t in °C vorliegt und nicht von T in K, ist die Berechnung ähnlich wie in Kap. 4.1 durchzuführen, wobei nur alle Glieder wegfallen, die q_{v3} enthalten. Als Beispiel wird die Konstantenentwicklung für die Formel des Sättigungsdampfdruckes über Wasser gezeigt.

Es liege $\gamma_v(t_{68})$ in der Form

$$\gamma_v(t_{68}) = q_{v0} + q_{v1} \cdot t_{68} + q_{v2} \cdot t_{68}^2 . \quad (4.60)$$

vor. Da die Gleichung von CLAUSIUS-CLAPEYRON für thermodynamische Temperaturen gültig ist, muß (4.60) in ein Polynom in T — wobei wir hier T_{68} verwenden — mit Hilfe der Beziehung $t_{68} = T_{68} - T_0$ umgeformt werden:

$$\begin{aligned}\gamma_v(T_{68}) &= q_{v0} + q_{v1}(T_{68} - T_0) \\ &\quad + q_{v2}(T_{68} - T_0)^2 \qquad (4.61)\\ &= (q_{v0} - q_{v1} \cdot T_0 + q_{v2} \cdot T_0^2) \\ &\quad + (q_{v1} - 2q_{v2} \cdot T_0)\, T_{68} \\ &\quad + q_{v2} \cdot T_{68}^2 \\ &= a_{v0} + a_{v1} \cdot T_{68} + a_{v2} \cdot T_{68}^2 .\end{aligned}$$

Es ist somit

$$a_{v0} = q_{v0} - q_{v1} \cdot T_0 + q_{v2} \cdot T_0^2 \quad (4.62)$$

$$a_{v1} = q_{v1} - 2q_{v2} \cdot T_0 \quad (4.63)$$

$$a_{v2} = q_{v2} . \quad (4.64)$$

Mit diesen Konstanten a_{v0}, a_{v1} und a_{v2} kann nun die Integration, wie in Kap. 4.1 beschrieben, durchgeführt werden. Die Konstanten der Formel des Sättigungsdampfdruckes über Wasser ergeben sich dann mit den Konstanten der Gleichung (4.60) zu:

$$A_w = -\left(\frac{q_{v0} - q_{v1} \cdot T_0 + q_{v2} \cdot T_0^2}{R_v} + b_0\right), \quad (4.65)$$

$$\begin{aligned}B_w = \ln e_{w0} &+ \left(\frac{q_{v0} - q_{v1} \cdot T_0 + q_{v2} \cdot T_0^2}{R_v} + b_0\right)\frac{1}{T_0} - \\ &- \left(\frac{q_{v2}}{R_v} - b_2\right) T_0 - \\ &- \left(\frac{q_{v1} - 2 \cdot q_{v2} \cdot T_0}{R_v} - b_1\right) \ln T_0 , \qquad (4.66)\end{aligned}$$

$$C_w = \frac{q_{v2}}{R_v} - b_2 , \quad (4.67)$$

$$D_w = \frac{q_{v1} - 2 \cdot q_{v2} \cdot T_0}{R_v} - b_1 . \quad (4.68)$$

Es ist auch

$$B_w = \ln e_{w0} - \frac{A_w}{T_0} - C_w \cdot T_0 - D_w \cdot \ln T_0 . \quad (4.69)$$

4.3. Sättigungsdampfdruck-Formeln in bezug auf Wasser und Eis mit 3 Konstanten

Wenn γ_v und γ_s als lineare Gleichungen

$$\gamma_v = a_{v0} + a_{v1} \cdot T_{68} , \quad (4.70)$$

$$\gamma_s = a_{s0} + a_{s1} \cdot T_{68} \quad (4.71)$$

geschrieben werden, und die Z-Funktion um 2 Glieder der höchsten Potenzen reduziert wird,

$$Z = \exp\left\{b_0\left(\frac{1}{T_{68}} - \frac{1}{T_0}\right) + b_1 \ln \frac{T_{68}}{T_0}\right\}, \quad (4.72)$$

erhält man analog, wie in Kap. 4.1 gezeigt, durch Einsetzen der Funktion in (4.1) und (4.2) und Integration die Sättigungsdampfdruck-Formeln mit 3 Konstanten:

$$\ln e_w = \frac{A_w}{T_{68}} + B_w + C_w \cdot \ln T_{68} \quad (4.73)$$

und

$$\ln e_i = \frac{A_i}{T_{68}} + B_i + C_i \cdot \ln T_{68} \quad (4.74)$$

mit

$$A_w = -\left(\frac{a_{v0}}{R_v} + b_0\right), \quad (4.75)$$

$$B_w = \ln e_{w0} + \left(\frac{a_{v0}}{R_v} + b_0\right)\frac{1}{T_0} - \left(\frac{a_{v1}}{R_v} - b_1\right) \ln T_0 , \quad (4.76)$$

$$C_w = \frac{a_{v1}}{R_v} - b_1 . \tag{4.77}$$

Es ist auch

$$B_w = \ln e_{w0} - \frac{A_w}{T_0} - C_w \ln T_0 . \tag{4.78}$$

Ferner ist

$$A_i = -\frac{a_{s0}}{R_v}, \tag{4.79}$$

$$B_i = \ln e_{i0} + \frac{a_{s0}}{R_v}\frac{1}{T_0} - \frac{a_{s1}}{R_v} \ln T_0 , \tag{4.80}$$

$$C_i = \frac{a_{s1}}{R_v}, \tag{4.81}$$

außerdem ist

$$B_i = \ln e_{i0} - \frac{A_i}{T_0} - C_i \cdot \ln T_0 . \tag{4.82}$$

Somit sind in Gleichung (4.73) die ursprünglich 7 Konstanten und in Gleichung (4.74) die ursprünglich 5 Konstanten jeweils auf 3 Konstanten reduziert worden.

Die Konstanten a_{v0} und a_{v1}, a_{s0} und a_{s1} sowie b_0 und b_1 wurden aus den γ_v-, γ_s- und Z-Werten der Polynome (4.3), (4.6) und (4.4) berechnet. Auch hier wurde als Berechnungsintervall für γ_v und Z der Temperaturbereich 0 bis 100 °C gewählt. γ_v-Werte sind in diesem Bereich genauer als max. $< \pm 0{,}25\%$, im Bereich 0 bis 70 °C genauer als max. $< \pm 0{,}05\%$ und zwischen 0 und 50 °C genauer als max. $< \pm 0{,}007\%$ der kubisch berechneten Werte. Die Z-Werte liegen zwischen 0 und 100 °C bei maximal $< \pm 0{,}12\%$. Von -100 bis 0 °C sind die maximalen relativen Abweichungen bei γ_s von den Werten der kubischen Gleichung $< \pm 0{,}65\%$.

Die Konstanten zur Berechnung der Konstanten der Gleichungen (4.73) und (4.74) haben folgende Zahlenwerte für die IPTS-68:

Im Bereich 223,15 bis 373,15 K bzw. -50 bis 100 °C

$$a_{v0} = 3{,}148750800 \cdot 10^3 \text{ J g}^{-1}$$

$$a_{v1} = -2{,}372 \text{ J g K}^{-1}$$

$$b_0 = -1{,}877890081 \cdot 10^2 \text{ K}$$

$$b_1 = -6{,}63735768 \cdot 10^{-1} ,$$

wobei bis 173,15 K bzw. -100 °C extrapoliert werden kann.

Im Bereich 173,15 bis 273,16 K bzw. -100 bis 0,01 °C

$$a_{s0} = 2{,}843497575 \cdot 10^3 \text{ J g}^{-1}$$

$$a_{s1} = -2{,}05 \cdot 10^{-2} \text{ J g}^{-1}\text{ K}^{-1} .$$

Ferner ist

$$e_{w0} = 6{,}11213 \text{ hPa}$$

$$e_{i0} = 6{,}11153 \text{ hPa}$$

$$R_v = 0{,}46152 \text{ J g}^{-1}\text{ K}^{-1} .$$

Die mit diesen Konstanten berechneten Werte für A_w, B_w und C_w bzw. A_i, B_i und C_i sind für die einzelnen Temperaturbereiche in Tab. 23 eingetragen. Gleichzeitig sind Werte eingetragen, die direkt aus den e_w- bzw. e_i-Normwerten berechnet worden sind. Die e_w- bzw. e_i-Werte, die mit den Konstanten von Tab. 23 berechnet worden sind, sind mit den relativen Abweichungen von den Normwerten der 5-Konstanten-Formel in % in den Tabellen 24 und 25 zu finden.

Aus Tab. 24 geht für die Sättigungsdampfdruckwerte in bezug auf Wasser hervor, daß die mit der Z-Funktion berechneten Werte im Bereich -20 bis 100 °C max. $< \pm 0{,}35\%$ abweichen. Im Bereich -100 bis $+100$ °C erreichen sie Abweichungen bis zu 4,7% bei -100 °C. Wenn $Z = 1$ gesetzt wird, liegen die Werte oberhalb 50 °C wieder ungünstiger, da dort das ideale Gasgesetz nicht mehr gültig ist. Insgesamt treten zwischen -100 und 100 °C Abweichungen von max. $< \pm 4{,}75\%$ auf. Die aus den Normwerten errechneten Konstanten A_w, B_w und C_w wurden im Intervall 0 bis 100 °C exakt angepaßt. Bei negativen Celsius-Temperaturen ist extrapoliert worden. Die relativen Fehler zwischen 0 und 100 °C liegen bei max. $< \pm 0{,}08\%$. Bei -100 °C ergibt sich dann 3,3%. Die Anpassung wurde in dem gleichen Intervall vorgenommen, in dem auch die γ_v- und Z-Funktion angepaßt wurde, um vergleichbare Werte zu erhalten. Sie liegen trotzdem noch etwas besser als die mit der γ_v- und Z-Funktion berechneten. Die relativen Fehler der Z-Funktion sind aus der Spalte $\Delta Z/Z$ zu entnehmen. Außerhalb des Anpassungsbereiches treten erwartungsgemäß Abweichungen auf.

Tabelle 25 zeigt, daß die mit der linearen γ_s-Funktion berechneten Werte zwischen -100 und 0 °C max. $< \pm 1{,}7\%$ abweichen und zwischen -80 und 0 °C max. $< \pm 0{,}45\%$. Die Werte, bei denen die Konstanten der Formel direkt aus den Normwerten berechnet wurden, weichen zwischen -100 und 0 °C max. $< \pm 0{,}36\%$ ab.

Aus der 3-Konstanten-Formel läßt sich die MAGNUS-Formel ableiten. Die 3-Konstanten-Formel dieses Typs wurde früher für e_w und e_i von K. SCHEEL und W. HEUSE (1909) und für e_w von H. KÖHLER (1926) und J. E. FJELDSTAD (1926) und weiterhin von G. R. KIRCHHOFF sowie W. J. RANKINE und DUPREZ benutzt und in neuerer Zeit von T. N. KRISHNAMURTI und W. J. MOXIM (1971). Letztere Formel wurde in expliziter Form für e_w angegeben. Die explizite Form für e_w und e_i lautet hier

$$e_w = T_{68}^{C_w} \exp\left\{\frac{A_w}{T_{68}} + B_w\right\} \tag{4.83}$$

oder

$$e_w = e_{w0}\left(\frac{T_{68}}{T_0}\right)^{C_w} \exp\left\{A_w\left(\frac{1}{T_{68}} - \frac{1}{T_0}\right)\right\} \tag{4.84}$$

und

$$e_i = T_{68}^{C_i} \exp\left\{\frac{A_i}{T_{68}} + B_i\right\} \quad (4.85)$$

oder

$$e_i = e_{i0}\left(\frac{T_{68}}{T_0}\right)^{C_i} \exp\left\{A_i\left(\frac{1}{T_{68}} - \frac{1}{T_0}\right)\right\}. \quad (4.86)$$

Wenn γ_v nur als Funktion von t in °C vorliegt und nicht von T in K, ist die Berechnung ähnlich wie in Kap. 4.1 durchzuführen, wobei nur alle Glieder wegfallen, die q_{v2} und q_{v3} enthalten. Als Beispiel wird die Konstantenentwicklung für die Formel des Sättigungsdampfdruckes über Wasser gezeigt.

Es liege $\gamma_v(t_{68})$ in der Form

$$\gamma_v(t_{68}) = q_{v0} + q_{v1} \cdot t_{68} \,. \quad (4.87)$$

vor. Da die Gleichung von Clausius-Clapeyron für thermodynamische Temperaturen gültig ist, muß (4.87) mit Hilfe der Beziehung $t_{68} = T_{68} - T_0$ in eine Gleichung mit T_{68} umgeformt werden:

$$\begin{aligned}\gamma_v(T_{68}) &= q_{v0} + q_{v1}(T_{68} - T_0) \quad (4.88)\\ &= (q_{v0} - q_{v1}T_0) + q_{v1}T_{68}\\ &= a_{v0} + a_{v1}T_{68}\,.\end{aligned}$$

Es ist somit

$$a_{v0} = q_{v0} - q_{v1} \cdot T_0 \,, \quad (4.89)$$

$$a_{v1} = q_{v1} \,. \quad (4.90)$$

Mit den Konstanten a_{v0} und a_{v1} kann nun die Integration wie in Kap. 4.1 beschrieben durchgeführt werden. Die Konstanten der Formel des Sättigungsdampfdruckes über Wasser ergeben sich dann mit den Konstanten der Gleichung (4.87) zu

$$A_w = -\left(\frac{q_{v0} - q_{v1} \cdot T_0}{R_v} + b_0\right), \quad (4.91)$$

$$\begin{aligned}B_w = \ln e_{w0} &+ \left(\frac{q_{v0} - q_{v1} \cdot T_0}{R_v} + b_0\right)\frac{1}{T_0} -\\ &- \left(\frac{q_{v1}}{R_v} - b_1\right)\ln T_0\,, \quad (4.92)\end{aligned}$$

$$C_w = \frac{q_{v1}}{R_v} - b_1\,. \quad (4.93)$$

Es ist auch

$$B_w = \ln e_{w0} - \frac{A_w}{T_0} - C_w \cdot \ln T_0\,. \quad (4.94)$$

4.4. Sättigungsdampfdruck-Formeln in bezug auf Wasser und Eis mit 2 Konstanten

Wenn γ_v und γ_s als konstant angenommen werden,

$$\gamma_v = a_{v0}\,, \quad (4.95)$$

$$\gamma_s = a_{s0}\,, \quad (4.96)$$

und wenn die Z-Funktion bis auf das b_0-Glied reduziert wird,

$$Z = \exp\left\{b_0\left(\frac{1}{T_{68}} - \frac{1}{T_0}\right)\right\}, \quad (4.97)$$

erhält man analog, wie in Kap. 4.1 gezeigt, durch Einsetzen der Funktion in (4.1) und (4.2) und Integration die Sättigungsdampfdruck-Formeln mit 2 Konstanten:

$$\ln e_w = \frac{A_w}{T_{68}} + B_w \quad (4.98)$$

und

$$\ln e_i = \frac{A_i}{T_{68}} + B_i \quad (4.99)$$

mit

$$A_w = -\left(\frac{a_{v0}}{R_v} + b_0\right), \quad (4.100)$$

$$B_w = \ln e_{w0} + \left(\frac{a_{v0}}{R_v} + b_0\right)\frac{1}{T_0}. \quad (4.101)$$

Es ist auch

$$B_w = \ln e_{w0} - \frac{A_w}{T_0}. \quad (4.102)$$

Ferner ist

$$A_i = -\frac{a_{s0}}{R_v}, \quad (4.103)$$

$$B_i = \ln e_{i0} + \frac{a_{s0}}{R_v}\frac{1}{T_0}. \quad (4.104)$$

Außerdem ist

$$B_i = \ln e_{i0} - \frac{A_i}{T_0}. \quad (4.105)$$

Somit sind in Gleichung (4.98) die ursprünglich 5 Konstanten und in Gleichung (4.99) die ursprünglich 4 Konstanten jeweils auf 2 Konstanten reduziert worden.

Die Konstanten a_{v0}, a_{s0} und b_0 werden aus den γ_v-, γ_s- und Z-Werten der Polynome (4.3) und (4.6) und (4.4) berechnet. Bei den stärker von der Temperatur abhängigen Funktionen γ_v und Z sind größere Fehler zu erwarten. Z. B. schwankt der b-Wert zwischen 0 und 24. Verwendet wurde der Wert 5. Günstiger sieht es bei γ_s aus. Hier liegen die Abweichungen von -100 bis 0 °C bei max. $< \pm 0{,}6\%$, wenn γ_{s0} verwendet wird.

Die Konstanten zur Berechnung der Konstanten der Gleichungen (4.98) und (4.99) haben folgende Zahlenwerte für die IPTS-68: Im Bereich 223,15 bis 373,15 K bzw. -50 bis 100 °C

$$a_{v0} = \gamma_{v0} = 2500{,}839 \text{ J g}^{-1}$$

$$b_0 = 5\,,$$

wobei bis 173,15 K bzw. —100 °C extrapoliert werden kann. Im Bereich 173,15 bis 273,16 K bzw. —100 bis 0,01 °C

$$a_{s0} = \gamma_{s0} = 2837{,}898 \text{ J g}^{-1} .$$

Ferner ist

$$e_{w0} = 6{,}11213 \text{ hPa}$$

$$e_{i0} = 6{,}11153 \text{ hPa}$$

$$R_v = 0{,}46152 \text{ J g}^{-1} \text{ K}^{-1} .$$

Die mit diesen Konstanten berechneten Werte für A_w und B_w bzw. A_i und B_i sind für die einzelnen Temperaturbereiche in Tab. 26 eingetragen. Gleichzeitig sind Werte eingetragen, die direkt aus den e_w- bzw. e_i-Normwerten berechnet worden sind. Die e_w- bzw. e_i-Werte, die mit den Konstanten von Tab. 26 berechnet worden sind, sind mit den relativen Abweichungen von den Normwerten der 5-Konstanten-Formel in % in den Tabellen 27 und 28 eingetragen. In Tab. 27 sind die Sättigungsdampfdrücke in bezug auf Wasser enthalten. Erwartungsgemäß werden die Fehler recht groß. Das gilt nicht nur für die mit γ_{v0} berechneten Formeln mit Z = konstant und $Z = 1$, sondern auch für die Formel, deren Konstanten direkt aus den Normwerten berechnet wurden (rechte Spalte). Brauchbar bei relativen Abweichungen von max. < ±0,5% ist nur der Bereich —5 bis 25 °C. Bei Z = konst. und $Z = 1$ ist er nur von —10 bis 10 °C brauchbar. Anders sieht es in Tab. 28 aus. Hier haben die Werte, die mit γ_{s0} berechnet wurden, zwischen —100 und 0 °C relative Abweichungen von max. < ±1,1% und zwischen —90 und 0 °C von max. < ±0,6%. Wenn die beiden Konstanten A_i und B_i direkt aus den Normwerten bestimmt werden, haben die Werte zwischen —100 und 0 °C relative Abweichungen von max. <0,9%.

Dieser 2-Konstanten-Formel-Typ führt exakt auf die im nächsten Kapitel behandelte MAGNUS-Formel, wenn γ_v bzw. γ_s konstant sind. Mit l_v und l_s als Konstanten zeigte dies Z. ERDÉLYSZKY (1952).

Die explizite Form für e_w und e_i lautet

$$e_w = \exp\left\{\frac{A_w}{T_{68}} + B_w\right\} \tag{4.106}$$

oder

$$e_w = e_{w0} \cdot \exp\left\{A_w\left(\frac{1}{T_{68}} - \frac{1}{T_0}\right)\right\} \tag{4.107}$$

und

$$e_i = \exp\left\{\frac{A_i}{T_{68}} + B_i\right\} \tag{4.108}$$

oder

$$e_i = e_{i0} \cdot \exp\left\{A_i\left(\frac{1}{T_{68}} - \frac{1}{T_0}\right)\right\}. \tag{4.109}$$

5. Ableitung der Sättigungsdampfdruck-Formel nach Magnus aus der Gleichung von Clausius-Clapeyron bei gleichzeitiger schrittweiser Fehleranalyse

Sehr weit verbreitet, z. T. mit eingeschränktem Temperaturbereich, ist die von G. MAGNUS (1844) angegebene Sättigungsdampfdruck-Formel vom Typ

$$\ln e_w = \ln e_{w0} + \frac{a_w \cdot t}{b_w + t} \tag{5.1}$$

und

$$\ln e_i = \ln e_{i0} + \frac{a_i \cdot t}{b_i + t}. \tag{5.2}$$

Dieser Formeltyp, der 3 Konstanten enthält, ist unter der Bezeichnung MAGNUS-Formel bekannt. Neuerdings wird auch manchmal die Celsius-Temperatur durch die absoluten Temperaturen mit Hilfe der Beziehung $t = T - T_0$ ersetzt.

$$\ln e_w = \ln e_{w0} + \frac{a_w(T - T_0)}{T - (T_0 - b_w)} \tag{5.3}$$

und

$$\ln e_i = \ln e_{i0} + \frac{a_i(T - T_0)}{T - (T_0 - b_i)}. \tag{5.4}$$

Die Gleichungen (5.3) und (5.4) enthalten dann 4 Konstanten. Eine Reduktion auf 3 Konstanten erfolgt, wenn $b_i = T_0$ ist. Dieser Fall kommt vor allem für (5.2) und (5.4) in Frage. Unter welchen Bedingungen dieser Fall auftritt, wird in diesem Kapitel weiter unten dargestellt.

Es ist noch anzumerken, daß bereits E. F. AUGUST (1828a und b) eine Sättigungsdampfdruck-Formel vom Typ

$$\ln e_w = \ln e_{w0} + \frac{G_{w1} \cdot t}{G_{w2} + G_{w3} \cdot t} \tag{5.5}$$

angab, die durch Division des Zählers und Nenners des 2. Gliedes auf der rechten Seite durch G_{w3} auf die Gleichung (5.1) zurückgeführt werden kann. Es ist dann $a_w = G_{w1}/G_{w3}$ und $b_w = G_{w2}/G_{w3}$. Im Laufe der Zeit wurden durch die Verbesserung der physikalischen Meßtechnik genauere Sättigungsdampfdruckwerte bekannt. Aus diesem Grund wurden auch immer genauere Konstanten a_w, b_w und a_i, b_i veröffentlicht, so unter anderem von HOLTZMANN (1848), R. EMDEN (1887), M. THIESEN (1909), H. KÖHLER (1926) und O. TETENS (1930), wobei statt des natürlichen auch der dekadische Logarithmus benutzt wurde.

Oft wurden die von O. Tetens (1930) für die dekadische Logarithmusform gefundenen Konstanten $a_w = 7{,}5$ und $b_w = 237{,}3$ K und $a_i = 9{,}5$ und $b_i = 265{,}5$ K mit $e_w(T_{tr}) = 4{,}58036$ Torr für e_w und e_i in Torr benutzt, so z. B. von M. Robitzsch (1941) zur Berechnung seiner „Ausführlichen Tafeln zur Berechnung der Luftfeuchtigkeit" und von H. Kondo (1974) für thermodynamische Berechnungen.

Weitere Werte für die Konstanten veröffentlichten z. B. I. A. Kibel (1957), L. N. Gutman (1969), W. L. Gates, E. S. Batten, A. B. Kahle und A. B. Nelson (1971) und S. O. Kricak (1975).

Da die Magnus-Formel für eingeschränkte Temperaturbereiche genaue Werte gibt, hat der Deutsche Wetterdienst (1976) die Berechnung der Aspirations-Psychrometer-Tafeln mit 3 derartigen Formeln durchgeführt. Für e_w wurde je eine für positive und für negative Celsius-Temperaturen und eine für e_i benötigt. Da die Konstanten sich noch nicht auf die IPTS-68 beziehen, werden sie hier nicht angegeben. Sie können den kritischen Bemerkungen bei D. Sonntag (1979b) entnommen werden.

Die Zahlenwerte der älteren Arbeiten, die sich nicht auf die IPTS-68 beziehen, werden hier ebenfalls nicht angegeben. Sie können bei D. Sonntag (1966 bis 1968) und W. Ahrens (1977) entnommen werden. D. Sonntag (1979a und b) und (1980a) gab auf der Grundlage der 5-Konstanten-Referenzformeln (3.17) und (3.18), die auf die IPTS-68 abgestimmt sind, folgende Magnus-Formeln mit für die angegebenen Temperaturintervalle neuberechneten Konstanten aus den e_w- und e_i-Werten an, mit e_w und e_i in hPa:

t_{68}: −30 ... 70 °C (Wasser)

$$\ln e_w = \ln 6{,}11213 + \frac{17{,}5043 \cdot t_{68}}{241{,}2 + t_{68}}, \qquad (5.6)$$

t_{68}: −60 ... 0,01 °C (Eis)

$$\ln e_i = \ln 6{,}11153 + \frac{22{,}4433 \cdot t_{68}}{272{,}186 + t_{68}}. \qquad (5.7)$$

Die relative Standardabweichung ist dabei kleiner 0,5%. Mit einer relativen Standardabweichung von kleiner 0,6% läßt sich e_i in hPa bis −80 °C angeben:

t_{68}: −80 ... 0,01 °C (Eis)

$$\ln e_i = \ln 6{,}11153 + \frac{22{,}53 \cdot t_{68}}{273{,}15 + t_{68}}. \qquad (5.8)$$

Ausgegangen wurde dabei von einem mittleren $\gamma_s = 2840{,}226$ J/g. Im Bereich −70 bis 0,01 °C hat Formel (5.8) eine relative Standardabweichung von kleiner 0,55%. Von −40 bis 0,01 °C hat Gleichung (5.7) eine relative Standardabweichung von 0,23% und (5.8) von 0,25%.

Die e_w- und e_i-Werte zu den Formeln (5.6), (5.7) und (5.8) und die relativen Abweichungen zu den Normwerten, berechnet aus den 5-Konstanten-Formeln, siehe Tab. 29, Formelsatz I und Tab. 30, Formelsatz I und II.

Die Abweichungen der e_w-Werte nach Formel (5.6) von den Normwerten sind auch in Abb. 2 und 4 und die der e_i-Werte nach den Formeln (5.7) und (5.8) in Abb. 5 eingetragen. Es sei noch vermerkt, daß in der Literatur auch die explizite Form der Magnus-Formel angegeben wird:

$$e_w = e_{w0} \cdot \exp\left\{\frac{a_w \cdot t}{b_w + t}\right\} \qquad (5.9)$$

und

$$e_i = e_{i0} \cdot \exp\left\{\frac{a_i \cdot t}{b_i + t}\right\}, \qquad (5.10)$$

bzw. die analogen Formeln, wenn t durch $T - T_0$ ersetzt wird.

Man ersieht aus den Tabellen 29 und 30 und aus den Abbildungen 2, 4 und 5, daß mit der Magnus-Formel in Temperaturbereichen von etwa 100 K die Sättigungsdampfdruckwerte recht gut berechnet werden können. Die erzielte Genauigkeit reicht für praktische Anwendungen durchaus.

Worin liegt nun der Grund für die Leistungsfähigkeit dieser relativ einfachen Formel? Diese Frage soll untersucht werden, indem die Magnus-Formel aus der Gleichung von Clausius-Clapeyron abgeleitet wird und dabei die Vernachlässigungen schrittweise analysiert werden, um festzustellen, welcher Fehler jeweils dabei entsteht. Dieser systematischen Untersuchung sei vorangestellt, daß z. B. auch O. Dinkelacker (1952) versuchte, die Magnus-Formel aus der Gleichung von Clausius-Clapeyron abzuleiten. Einige Vernachlässigungsschritte sind hier aus dieser Ableitung übernommen worden, einige werden aber anders durchgeführt. Ausgangsgleichung ist wieder die Gleichung von Clausius und Clapeyron (2.1), in der v_{vw} bzw. v_{vi} nach Gleichung (2.3) eingesetzt wurden. Um den Fehler so gering wie möglich zu machen, werden zunächst γ_v und γ_s anstatt der Verdampfungswärme l_v und der Sublimationswärme l_s eingesetzt. Der Fehler, der durch Verwendung von l_v und l_s statt γ_v und γ_s entstehen würde, wird später noch genauer berechnet. Umgeschrieben lautet Gleichung (2.5) mit den Temperaturen der IPTS-68 in bezug auf Wasser

$$\frac{de_w}{e_w} = \frac{\gamma_v(T_{68})}{T_{68}^2 \cdot R_v \cdot Z(T_{68})}\, dT \qquad (5.11)$$

und in bezug auf Eis

$$\frac{de_i}{e_i} = \frac{\gamma_s(T_{68})}{T_{68}^2 \cdot R_v \cdot Z(T_{68})}\, dT, \qquad (5.12)$$

wobei, ohne einen großen Fehler zu begehen, $Z(T_{68}) = 1$ gesetzt werden kann. Wir haben dann auch den gleichen Ausgangspunkt wie in Kap. 4 mit den Gleichungen (4.1) und (4.2).

Als nächster Schritt müssen die Potenzfunktionen von $\gamma_v(T_{68})$ und $\gamma_s(T_{68})$ gewählt werden, in denen möglichst wenig Glieder enthalten sein sollen, damit man auf eine einfache Formel kommt. Die Betrachtungen der Tabellen 18, 21, 24 und 27 zeigen, daß für die Formel in bezug auf Wasser mindestens die lineare γ_v-Funktion gewählt werden muß. Sie wird in der Form der Gleichung (4.88) geschrieben, mit $t_{68} = T_{68} - T_0$,

$$\gamma_v = q_{v0} + q_{v1}(T_{68} - T_0)\,, \tag{5.13}$$

die nach Kap. 4.3 auf die Gleichung (4.73)

$$\ln e_w = \frac{A_w}{T_{68}} + B_w + C_w \cdot \ln T_{68} \tag{5.14}$$

oder auf

$$\ln e_w = \ln e_{w0} + A_w\left(\frac{1}{T_{68}} - \frac{1}{T_0}\right) + C_w(T_{68} - T_0) + D_w \ln\frac{T_{68}}{T_0} \tag{5.15}$$

führt. Zunächst gilt aber

$$\int_{e_{w0}}^{e_w} \frac{\mathrm{d}e_w}{e_w} = \int_{T_0}^{T_{68}} \frac{q_{v0} + q_{v1}(T - T_0)}{T^2 \cdot R_v \cdot Z(T_{68})}\,\mathrm{d}T \tag{5.16}$$

oder mit der Z-Funktion nach (2.66)

$$\int_{e_{w0}}^{e_w} \frac{\mathrm{d}e_w}{e_w} = \frac{q_{v0}}{R_v}\int_{T_0}^{T_{68}} \frac{\mathrm{d}T}{T^2} + \frac{q_{v1}}{R_v}\int_{T_0}^{T_{68}} \frac{\mathrm{d}T}{T} - \frac{q_{v1}\cdot T_0}{R_v}\int_{T_0}^{T_{68}} \frac{\mathrm{d}T}{T^2} - \int_{T_0}^{T_{68}} \frac{\gamma_v(T_{68})}{R_v\cdot T^2}\left(\frac{Z-1}{Z}\right)\mathrm{d}T\,, \tag{5.17}$$

wobei

$$\int_{T_0}^{T_{68}} \frac{\gamma_v(T_{68})}{R_v\cdot T^2}\left(\frac{Z-1}{Z}\right)\mathrm{d}T = b_0\left(\frac{1}{T_{68}} - \frac{1}{T_0}\right) + b_1\cdot\ln\frac{T_{68}}{T_0} \tag{5.18}$$

ist. Die Integration ergibt

$$\ln\frac{e_w}{e_{w0}} = \left(\frac{q_{v0} - q_{v1}\cdot T_0}{R_v} + b_0\right)\left(\frac{1}{T_0} - \frac{1}{T_{68}}\right) + \left(\frac{q_{v1}}{R_v} - b_1\right)\ln\frac{T_{68}}{T_0}\,, \tag{5.19}$$

und wenn zu $Z(T_{68}) = 1$ vereinfacht wird, wird $b_0 = b_1 = 0$ und somit

$$\ln\frac{e_w}{e_{w0}} = \frac{q_{v0} - q_{v1}\cdot T_0}{R_v}\left(\frac{1}{T_0} - \frac{1}{T_{68}}\right) + \frac{q_{v1}}{R_v}\ln\frac{T_{68}}{T_0}\,. \tag{5.20}$$

In diesem Kapitel wird die MAGNUS-Formel sowohl aus (5.19) als auch aus (5.20) abgeleitet.

Für die Entwicklung in bezug auf Eis zeigen die Betrachtungen der Tabellen 19, 22, 25 und 28, daß mit genügender Genauigkeit $\gamma_s(T_{68})$ konstant als γ_{s0} gewählt werden kann. Das führt dann auf eine Formel mit 2 Konstanten, wie sie in Kap. 4.4 dargestellt ist.

$$\ln e_i = \frac{A_w}{T_{68}} + B_i \tag{5.21}$$

oder

$$\ln e_i = \ln e_{i0} + A_i\left(\frac{1}{T_{68}} - \frac{1}{T_0}\right). \tag{5.22}$$

Mit $Z = 1$ wird

$$\int_{e_{i0}}^{e_i} \frac{\mathrm{d}e_i}{e_i} = \frac{\gamma_{s0}}{R_v}\int_{T_0}^{T_{68}} \frac{\mathrm{d}T}{T^2} \tag{5.23}$$

und

$$\ln\frac{e_i}{e_{i0}} = \frac{\gamma_{s0}}{R_v}\left(\frac{1}{T_0} - \frac{1}{T_{68}}\right). \tag{5.24}$$

Der Klammerausdruck läßt sich mit $T_{68} = T_0 + t_{68}$ umformen zu

$$\frac{1}{T_0} - \frac{1}{T_{68}} = \frac{t_{68}}{T_0(T_0 + t_{68})}\,, \tag{5.25}$$

und es ergibt sich

$$\ln e_i = \ln e_{i0} + \frac{\frac{\gamma_{s0}}{R_v\cdot T_0}\,t_{68}}{T_0 + t_{68}} \tag{5.26}$$

mit den Konstanten der MAGNUS-Formel

$$a_i = \frac{\gamma_{s0}}{R_v\cdot T_0}\,, \tag{5.27}$$

$$b_i = T_0\,. \tag{5.28}$$

Hierbei wurden keine weiteren Vernachlässigungen vorgenommen. Mit den Werten

$$\gamma_{s0} = 2837{,}898\ \mathrm{J/g}$$
$$R_v = 0{,}46152\ \mathrm{J/g}$$
$$T_0 = 273{,}15\ \mathrm{K}$$

wird

$$a_i = 22{,}51153198 \approx 22{,}5115$$
$$b_i = 273{,}15\ \mathrm{K}\,.$$

Mit $e_{i0} = 6{,}11153$ hPa und dem vollen Zahlenwert von a_i sind die e_i-Werte bereits berechnet und in Tab. 28 enthalten. Sie stehen in der Spalte „γ_s = konstant, $Z = 1$“. Die größte Abweichung von den e_i-Normwerten wird bei −60 °C mit 0,595% erreicht, wenn man vom Wert −1,114% bei −100 °C absieht (s. Abb. 5). Insgesamt bleibt der max. relative Fehler bis −100 °C unter 0,9%, wenn aus den direkt aus den e_i-Werten berechneten Konstanten A_i und B_i der Wert für a_{s0} errechnet wird, wie in Tab. 28, rechte Spalte, gezeigt wird. Es ist dann

$$a_{s0} = 2837{,}330\,.$$

Dieser Wert führt auf

$$a_i = 22{,}5070$$
$$b_i = 273{,}15\ \mathrm{K}\,.$$

Nun zurück zu den Sättigungsdampfdruckformeln in bezug auf Wasser (5.19) und (5.20).

Zunächst erfolgt die Entwicklung der MAGNUS-Formel aus (5.20) ohne Berücksichtigung des Z-Faktors. Der Fehler, der durch den Z-Faktor entsteht, ist bekannt, er kann direkt aus den Z-Werten entnommen werden. Er wird hier mit Fehler 1 bezeichnet. Alle Vernachlässigungen werden als max. relative Fehler in % errechnet, indem bei der betreffenden Temperatur in 10-K-Schritten die jeweilige Sättigungsdampfdruckdifferenz durch den e_w-Normwert dividiert und mit 100 multipliziert wird. Die Ableitung wird zunächst mit den Symbolen der thermodynamischen Temperaturskale T und t durchgeführt, da noch keine Zahlenwerte eingesetzt werden. Der Klammerausdruck $\left(\frac{1}{T_0} - \frac{1}{T}\right)$ wird umgeformt zu $\frac{1}{T_0}\frac{t}{T}$:

$$\ln\frac{e_w}{e_{w0}} = \frac{q_{v0} - q_{v1}\cdot T_0}{R_v\cdot T_0}\,\frac{t}{T} + \frac{q_{v1}}{R_v}\ln\frac{T}{T_0}\,. \qquad (5.29)$$

Als Fehler 2 wird eine Näherungsfunktion für $\ln\frac{T}{T_0}$ eingeführt. Gemäß

$$\ln(1+x) = x - \frac{x^2}{2} \qquad (5.30)$$

kann man mit

$$\frac{T}{T_0} = 1 + \frac{t}{T_0}\,, \qquad (5.31)$$

wobei $x = \frac{t}{T_0}$ ist, schreiben

$$\ln\frac{e_w}{e_{w0}} = \frac{q_{v0} - q_{v1}\cdot T_0}{R_v\cdot T_0}\,\frac{t}{T} + \frac{q_{v1}}{R_v}\left(\frac{t}{T_0} - \frac{t^2}{2\cdot T_0^2}\right), \qquad (5.32)$$

und ausmultipliziert und zusammengefaßt

$$\ln\frac{e_w}{e_{w0}} = \frac{q_{v0}}{R_v\cdot T_0}\,\frac{t}{T} - \frac{q_{v1}\cdot t}{2\cdot R_v\cdot T_0}\,\frac{t}{T_0} + \frac{q_{v1}\cdot t}{R_v}\left(\frac{1}{T_0} - \frac{1}{T}\right), \qquad (5.33)$$

wobei nun wieder für $\left(\frac{1}{T_0} - \frac{1}{T}\right)$ der Ausdruck $\frac{1}{T_0}\frac{t}{T}$ eingesetzt wird. Man erhält

$$\ln\frac{e_w}{e_{w0}} = \left(\frac{q_{v0}}{R_v\cdot T_0} + \frac{q_{v1}\cdot t}{R_v\cdot T_0}\right)\frac{t}{T} - \frac{q_{v1}\cdot t}{2\cdot R_v\cdot T_0}\,\frac{t}{T_0}\,. \qquad (5.34)$$

Als Fehler 3 wird nun das T_0 auf der rechten Seite im Nenner des Faktors $\frac{t}{T_0}$ des zweiten Gliedes durch T ersetzt und zusammengefaßt:

$$\ln\frac{e_w}{e_{w0}} = \left(\frac{q_{v0}}{R_v\cdot T_0} + \frac{q_{v1}\cdot t}{2\cdot R_v\cdot T_0}\right)\frac{t}{T}\,. \qquad (5.35)$$

Führt man zur Abkürzung

$$M_1 = \frac{q_{v0}}{R_v\cdot T_0} \quad \text{und} \quad N_1 = \frac{q_{v1}}{2\cdot R_v\cdot T_0} \qquad (5.36)$$

ein, so erhält man

$$\ln\frac{e_w}{e_{w0}} = (M_1 + N_1\cdot t)\,\frac{1}{T}\,. \qquad (5.37)$$

Die rechte Seite der Gleichung (5.37) wird im Zähler und Nenner mit $(M_1 - N_1\cdot t)$ multipliziert:

$$\ln\frac{e_w}{e_{w0}} = \frac{M_1^2 - N_1^2\cdot t^2}{M_1 - N_1\cdot t}\,\frac{t}{T_0 + t} = \frac{M_1^2\cdot t - N_1^2\cdot t^3}{M_1\cdot T_0 - N_1\cdot T_0\cdot t + M_1\cdot t - N_1\cdot t^2}\,. \qquad (5.38)$$

Als Fehler 4 werden die Ausdrücke mit t^2 und t^3 vernachlässigt:

$$\ln\frac{e_w}{e_{w0}} = \frac{M_1^2\cdot t}{M_1\cdot T_0 + (M_1 - N_1\cdot T_0)\,t} = \frac{\dfrac{M_1^2}{M_1 - N_1\cdot T_0}\,t}{\dfrac{M_1\cdot T_0}{M_1 - N_1\cdot T_0} + t}\,. \qquad (5.39)$$

Dies ist die MAGNUS-Formel mit

$$a_w = \frac{M_1^2}{M_1 - N_1\cdot T_0} = \frac{q_{v0}}{\left(1 - \dfrac{q_{v1}}{2\cdot q_{v0}}\,T_0\right)R_v\cdot T_0}\,, \qquad (5.40)$$

$$b_w = \frac{M_1\cdot T_0}{M_1 - N_1\cdot T_0} = \frac{T_0}{1 - \dfrac{q_{v1}}{2\cdot q_{v0}}\,T_0}\,. \qquad (5.41)$$

Es folgt auch daraus, daß

$$a_w = \frac{q_{v0}}{R_v\cdot T_0^2}\,b_w \qquad (5.42)$$

ist. Es wird für q_{v1} oft der Wert aus der KIRCHHOFFschen Beziehung mit

$$q_{v1} = c_{pv} - c_w = 4R_v - 9R_v = -5R_v = -2{,}3076\ \mathrm{J\,g^{-1}\,K^{-1}} \qquad (5.43)$$

angegeben mit

$$c_{pv} = 1{,}84608 \text{ J g}^{-1}$$

und

$$c_w = 4{,}15368 \text{ J g}^{-1} \text{ .}$$

Dieser q_{v1}-Wert liegt aber etwas zu niedrig. Für die Verdampfungswärme l_v ist ein q_{v1} von $-2{,}360$ J g^{-1} K^{-1} und für γ_v von $-2{,}372$ J g^{-1} K^{-1} günstiger. Mit

$$q_{v0} = 2500{,}839 \text{ J g}^{-1}$$
$$q_{v1} = -2{,}372 \text{ J g}^{-1} \text{K}^{-1}$$
$$R_v = 0{,}46152 \text{ J g}^{-1} \text{K}^{-1}$$
$$T_0 = 273{,}15 \text{ K}$$

erhält man

$$a_w = 17{,}56276198 \approx 17{,}5628$$
$$b_w = 241{,}8243437 \text{ K} \approx 241{,}8243 \text{ K}$$

und mit $e_{w0} = 6{,}11213$ hPa die e_w-Werte in hPa.

Die e_w-Werte und relativen Abweichungen von den Normwerten in % sind mit dem Konstantensatz II in Tab. 29 eingetragen. Im Fehlerbereich von max. $<0{,}5\%$ ist die Formel brauchbar von -30 bis 50 °C. Läßt man einen max. Fehler von $<0{,}8\%$ zu, so erhält man den brauchbaren Bereich von -35 bis 65 °C.

Um zu sehen, ob eine Verbesserung bei den Sättigungsdampfdruckwerten über Eis eintritt, wenn die Konstanten nach (5.40) und (5.41) berechnet werden, wobei in den Gleichungen a_i und b_i statt a_w und b_w und q_{s0} und q_{s1} statt q_{v0} und q_{v1} zu schreiben ist, werden mit

$$q_{s0} = 2837{,}898 \text{ J g}^{-1}$$
$$q_{s1} = -0{,}0205 \text{ J g}^{-1} \text{K}^{-1}$$
$$R_v = 0{,}46152 \text{ J g}^{-1} \text{K}^{-1}$$
$$T_0 = 273{,}15 \text{ K}$$

die Konstanten der MAGNUS-Formel

$$a_i = 22{,}48934464 \approx 22{,}4893$$
$$b_i = 272{,}8807837 \text{ K} \approx 272{,}881 \text{ K ,}$$

und mit $e_{i0} = 6{,}11153$ hPa erhält man die e_i-Werte in hPa. Diese Werte sind mit den relativen Abweichungen von den Normwerten in % mit dem Konstantensatz III in Tab. 30 eingetragen. In der Tat gibt es eine leichte Verbesserung, indem der Wert bei -100 °C nur noch um $-1{,}9\%$ abweicht statt um $-2{,}2\%$, aber die Fehler im mittleren Temperaturbereich sind größer. Für die e_i-Werte bringt demnach diese Formel keine bemerkenswerte Verbesserung. Die Werte sind auch in Abb. 5 unter „γ_s linear" eingetragen.

Um zu sehen, wie sich die einzelnen Vernachlässigungen bei den verschiedenen Temperaturen auswirken, werden die entsprechenden e_w-Werte für jede Vernachlässigung einzeln berechnet und die jeweiligen Abweichungen voneinander auf die Normwerte bezogen und in % angegeben. Der Fehler 1 kann in % direkt den Z-Werten entnommen werden.

Der Fehler 2 wird aus $\frac{e_{w2} - e_{w1}}{e_{wn}} \cdot 100$ berechnet, wobei e_{w1} die Werte darstellt, die man auch mit Gleichung (5.14) bzw. (5.20) erhält, wenn $Z = 1$ gesetzt wird. Die Normwerte werden mit e_{wn} bezeichnet.

Der Fehler 3 wird aus $\frac{e_{w3} - e_{w2}}{e_{wn}} \cdot 100$ und der Fehler 4 aus $\frac{e_{w4} - e_{w3}}{e_{wn}} \cdot 100$ berechnet.

$$e_{w1} = e_{w0} \cdot \exp\left\{\left(\frac{q_{v0}}{R_v \cdot T_0} - \frac{q_{v1}}{R_v}\right) \frac{t_{68}}{T_0 + t_{68}} + \frac{q_{v1}}{R_v} \ln \frac{T_0 + t_{68}}{T_0}\right\}, \quad (5.44)$$

$$e_{w2} = e_{w0} \cdot \exp\left\{\left(\frac{q_{v0}}{R_v \cdot T_0} - \frac{q_{v1}}{R_v}\right) \frac{t_{68}}{T_0 + t_{68}} + \frac{q_{v1}}{R_v}\left(\frac{t_{68}}{T_0} - \frac{t_{68}^2}{2 \cdot T_0^2}\right)\right\}, \quad (5.45)$$

$$e_{w3} = e_{w0} \cdot \exp\left\{\left(\frac{q_{v0}}{R_v \cdot T_0} + \frac{q_{v1} \cdot t_{68}}{2 \cdot R_v \cdot T_0}\right) \frac{t_{68}}{T_0 + t_{68}}\right\}, \quad (5.46)$$

$$e_{w4} = e_{w0} \cdot \exp\left\{\frac{a_w \cdot t_{68}}{b_w + t_{68}}\right\} \quad (5.47)$$

mit

$$a_w = \frac{q_{v0}}{\left(1 - \frac{q_{v1}}{2 \cdot q_{v0}} T_0\right) R_v \cdot T_0}, \quad (5.48)$$

und

$$b_w = \frac{T_0}{1 - \frac{q_{v1}}{2 \cdot q_{v0}} T_0}. \quad (5.49)$$

Die Gleichung, die die e_{w4}-Werte ergibt, ist die MAGNUS-Formel.

Mit den angegebenen Zahlenwerten für die Konstanten erhält man die relativen Fehler in %, die in Tab. 31 eingetragen und in Abb. 1 graphisch dargestellt sind.

Die Summe der Fehler 2 + 3 + 4 gibt die maximalen relativen Abweichungen in % der Werte aus der MAGNUS-Formel von den Werten aus der Formel (5.14) bzw. (5.20) mit $Z = 1$, und die Summe der Fehler 1 bis 4 ergibt die Gesamtabweichung. Die letzteren Werte sind etwa gleich den maximalen relativen Abweichungen der MAGNUS-Formel von den Normwerten $\frac{e_{w4} - e_{wn}}{e_{wn}} \cdot 100$.

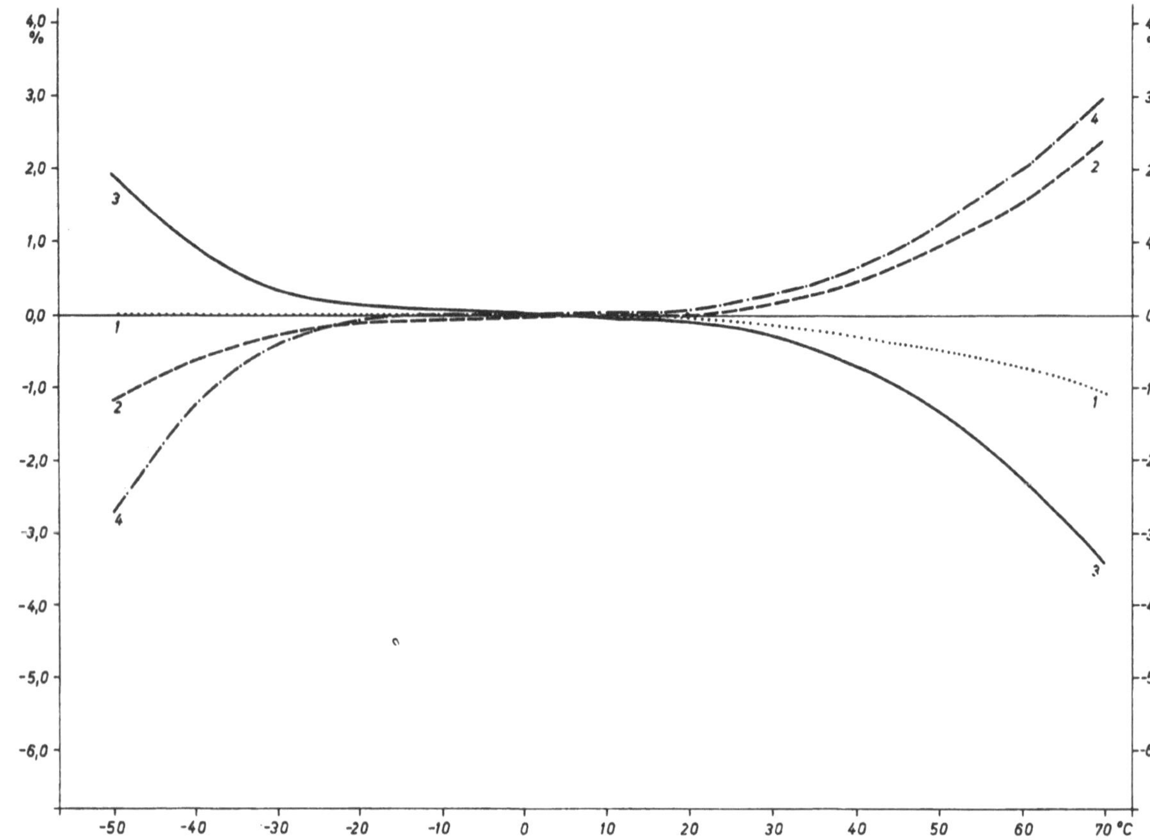

Abb. 1. Prozentuale Einzelfehler 1 bis 4 in Abhängigkeit von der Temperatur, die sich durch Vernachlässigungen bei der Ableitung der MAGNUS-Formel mit $Z = 1$ nach Kap. 5 ergeben

Die bestehenden Differenzen sind bedingt durch die Abweichungen der Werte aus der Formel (5.14) bzw. (5.20) von den Normwerten $\frac{e_{w1} - e_{wn}}{e_{wn}} \cdot 100$.
In Abb. 2 sind die Werte der berechneten MAGNUS-Formel mit „γ_v linear" und die Summe der Fehler $2 + 3 + 4$ eingetragen. Man ersieht aus den Abbildungen 1 und 2, daß sich die bei den vorgenommenen Vernachlässigungen ergebenden Einzelfehler in einem weiten Temperaturbereich aufheben.

Es folgt noch eine Ableitung der MAGNUS-Formel, bei der die Z-Funktion mit berücksichtigt wird. Es entfällt dabei der Fehler 1. Ausgangsgleichung ist (5.19). Die Ableitung wird wieder zunächst mit Symbolen der thermodynamischen Temperaturskale T und t durchgeführt. Wenn der Klammerausdruck $\left(\frac{1}{T_0} - \frac{1}{T}\right)$ umgeformt wird zu $\frac{1}{T_0}\frac{t}{T}$, wird aus (5.19)

$$\ln \frac{e_w}{e_{w0}} = \left(\frac{q_{v0} - q_{v1} \cdot T_0}{R_v \cdot T_0} + \frac{b_0}{T_0}\right)\frac{t}{T} + \left(\frac{q_{v1}}{R_v} - b_1\right) \ln \frac{T}{T_0}. \tag{5.50}$$

Als Fehler 2 wird wieder die Näherung für $\ln \frac{T}{T_0}$ mit (5.30) und (5.31) eingeführt.

$$\ln \frac{e_w}{e_{w0}} = \left(\frac{q_{v0} - q_{v1} \cdot T_0}{R_v \cdot T_0} + \frac{b_0}{T_0}\right)\frac{t}{T} + \left(\frac{q_{v1}}{R_v} - b_1\right)\left(\frac{t}{T_0} - \frac{t^2}{2 \cdot T_0^2}\right). \tag{5.51}$$

Ausmultipliziert und zusammengefaßt ergibt das

$$\ln \frac{e_w}{e_{w0}} = \left(\frac{q_{v0}}{R_v \cdot T_0} + \frac{b_0}{T_0}\right)\frac{t}{T} - \left(\frac{q_{v1} \cdot t}{2 \cdot R_v \cdot T_0} - \frac{b_1 \cdot t}{2 \cdot T_0} + b_1\right)\frac{t}{T_0} + \frac{q_{v1} \cdot t}{R_v}\left(\frac{1}{T_0} - \frac{1}{T}\right), \tag{5.52}$$

wobei nun wieder für $\left(\frac{1}{T_0} - \frac{1}{T}\right)$ der Ausdruck $\frac{1}{T_0}\frac{t}{T}$ eingesetzt wird.

$$\ln \frac{e_w}{e_{w0}} = \left(\frac{q_{v0}}{R_v \cdot T_0} + \frac{q_{v1} \cdot t}{R_v \cdot T_0} + \frac{b_0}{T_0}\right)\frac{1}{T} - \left(\frac{q_{v1} \cdot t}{2 \cdot R_v \cdot T_0} - \frac{b_1 \cdot t}{2 \cdot T_0} + b_1\right)\frac{t}{T_0}. \tag{5.53}$$

Als Fehler 3 wird nun wieder das T_0 auf der rechten Seite im Nenner des Faktors $\frac{t}{T_0}$ des zweiten Gliedes durch T ersetzt und zusammengefaßt:

$$\ln \frac{e_w}{e_{w0}} = \left(\frac{q_{v0}}{R_v \cdot T_0} + \frac{q_{v1} \cdot t}{2 \cdot R_v \cdot T_0} + \frac{b_0}{T_0} + \frac{b_1 \cdot t}{2 \cdot T_0} - b_1\right)\frac{t}{T}. \tag{5.54}$$

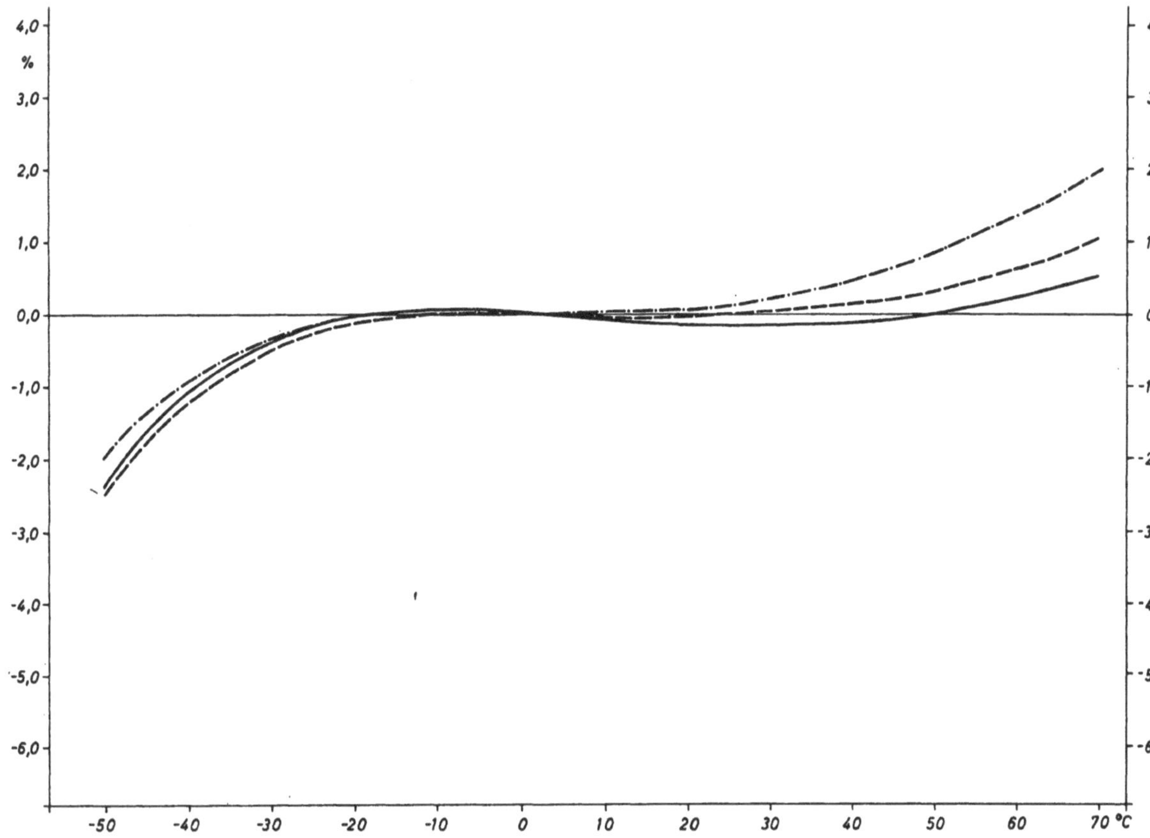

Abb. 2. ——— Prozentuale Abweichung der e_w-Werte nach der MAGNUS-Formel (5.6) von den Normwerten e_{wn} in Abhängigkeit von der Temperatur. Die Konstanten der Formel (5.6) wurden direkt aus den Normwerten berechnet. Konstantensatz I in Tab. 29.
– – – – Prozentuale Abweichung der e_w-Werte der MAGNUS-Formel, deren Konstanten mit linearem γ_v und $Z = 1$ berechnet wurden, von den Normwerten e_{wn} in Abhängigkeit von der Temperatur. Konstantensatz II in Tab. 29.
—·—·— Summe der prozentualen Einzelfehler 2 + 3 + 4 in Abhängigkeit von der Temperatur, die sich durch Vernachlässigungen bei der Ableitung der MAGNUS-Formel mit $Z = 1$ nach Kap. 5 ergeben. Abweichungen der Werte der MAGNUS-Formel von den Werten der Formel $\ln e_w = \frac{A_w}{T_{68}} + B_w + C_w \cdot \ln T_{68}$ bezogen auf die Normwerte e_{wn}

Führt man zur Abkürzung

$$M_2 = \frac{q_{v0}}{R_v \cdot T_0} + \frac{b_0}{T_0} - b_1 \quad \text{und} \quad N_2 = \frac{q_{v1}}{2 \cdot R_v \cdot T_0} + \frac{b_1}{2 \cdot T_0} \tag{5.55}$$

ein, so erhält man

$$\ln \frac{e_w}{e_{w0}} = (M_2 + N_2 \cdot t) \frac{t}{T} . \tag{5.56}$$

Die rechte Seite der Gleichung (5.56) wird im Zähler und Nenner mit $(M_2 - N_2 \cdot t)$ multipliziert.

$$\ln \frac{e_w}{e_{w0}} = \frac{M_2^2 - N_2^2 \cdot t^2}{M_2 - N_2 \cdot t} \, \frac{t}{T_0 + t} = \frac{M_2^2 \cdot t - N_2^2 \cdot t^3}{M_2 \cdot T_0 - N_2 \cdot T_0 \cdot t + M_2 \cdot t - N_2 \cdot t^2} . \tag{5.57}$$

Als Fehler 4 werden wieder die Ausdrücke mit t^2 und t^3 vernachlässigt.

$$\ln \frac{e_w}{e_{w0}} = \frac{M_2^2 \cdot t}{M_2 \cdot T_0 + (M_2 - N_2 \cdot T_0)\, t} = \frac{\frac{M_2^2}{M_2 - N_2 \cdot T_0}\, t}{\frac{M_2 \cdot T_0}{M_2 - N_2 \cdot T_0} + t} . \tag{5.58}$$

Dies ist die MAGNUS-Formel mit

$$a_w = \frac{M_2^2}{M_2 - N_2 \cdot T_0} = \frac{(q_{v0} + b_0 \cdot R_v - b_1 \cdot R_v \cdot T_0)^2}{\left(q_{v0} + b_0 \cdot R_v - \frac{q_{v1} \cdot T_0}{2} - \frac{3 \cdot b_1 \cdot R_v \cdot T_0}{2}\right) R_v \cdot T_0} , \tag{5.59}$$

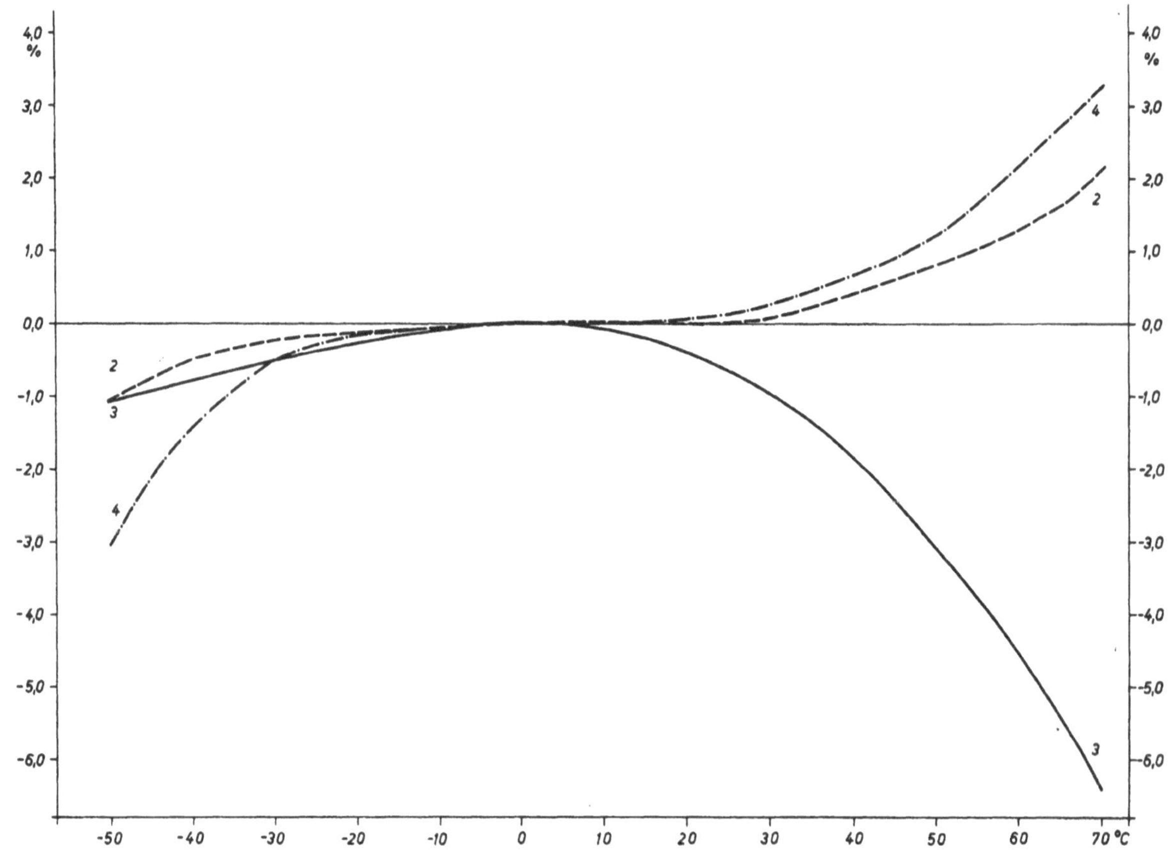

Abb. 3. Prozentuale Einzelfehler 2 bis 4 in Abhängigkeit von der Temperatur, die sich durch Vernachlässigungen bei der Ableitung der MAGNUS-Formel mit $Z = Z(T_{68})$ nach Kap. 5 ergeben

$$b_w = \frac{M_2 \cdot T_0}{M_2 - N_2 \cdot T_0} = \frac{(q_{v0} + b_0 \cdot R_v - b_1 \cdot R_v \cdot T_0)\, T_0}{q_{v0} + b_0 \cdot R_v - \frac{q_{v1} \cdot T_0}{2} - \frac{3 \cdot b_1 \cdot R_v \cdot T_0}{2}} . \quad (5.60)$$

Es folgt auch daraus

$$a_w = \frac{q_{v0} + b_0 \cdot R_v - b_1 \cdot R_v \cdot T_0}{R_v \cdot T_0^2}\, b_w . \quad (5.61)$$

Mit

$q_{v0} = 2500{,}839$ J g^{-1}

$q_{v1} = -2{,}372$ J g^{-1} K^{-1}

$b_0 = -187{,}7890081$ K

$b_1 = -0{,}663735768$

$R_v = 0{,}46152$ J g^{-1} K^{-1}

$T_0 = 273{,}15$ K

erhält man

$a_w = 17{,}28307364 \approx 17{,}2831$

$b_w = 238{,}2586173$ K $\approx 238{,}259$ K

und mit $e_{w0} = 6{,}11213$ hPa die e_w-Werte in hPa.

Die e_w-Werte und max. relativen Abweichungen von den Normwerten in % sind mit dem Konstantensatz III in Tab. 29 eingetragen. Im Fehlerbereich von max. <0,5% ist die Formel nur von —25 bis 30 °C brauchbar, aber im Fehlerbereich von max. <0,8% von —30 bis 100 °C.

Auch nach dieser Ableitung wurden die Fehler berechnet, die sich bei den einzelnen Vernachlässigungen bei den verschiedenen Temperaturen ergeben. Es wurden wieder die e_w-Werte für jede Vernachlässigung berechnet und die jeweiligen Abweichungen voneinander auf die Normwerte e_{wn} bezogen und in % angegeben. Der Fehler 1 entfällt hier, da die Z-Funktion berücksichtigt wurde. Der Fehler 2 wird aus $\frac{e_{w2} - e_{w1}}{e_{wn}} \cdot 100$ berechnet, wobei e_{w1} die Werte darstellt, die man auch mit Gleichung (5.14) bzw. (5.19) erhält. Der Fehler 3 wird aus $\frac{e_{w3} - e_{w2}}{e_{wn}} \cdot 100$ und der Fehler 4 aus $\frac{e_{w4} - e_{w3}}{e_{wn}} \cdot 100$ berechnet.

$$e_{w1} = e_{w0} \cdot \exp\left\{\left(\frac{q_{v0}}{R_v \cdot T_0} - \frac{q_{v1}}{R_v} + \frac{b_0}{T_0}\right)\frac{t_{68}}{T_0 + t_{68}} + \left(\frac{q_{v1}}{R_v} - b_1\right)\ln\frac{T_0 + t_{68}}{T_0}\right\}, \quad (5.62)$$

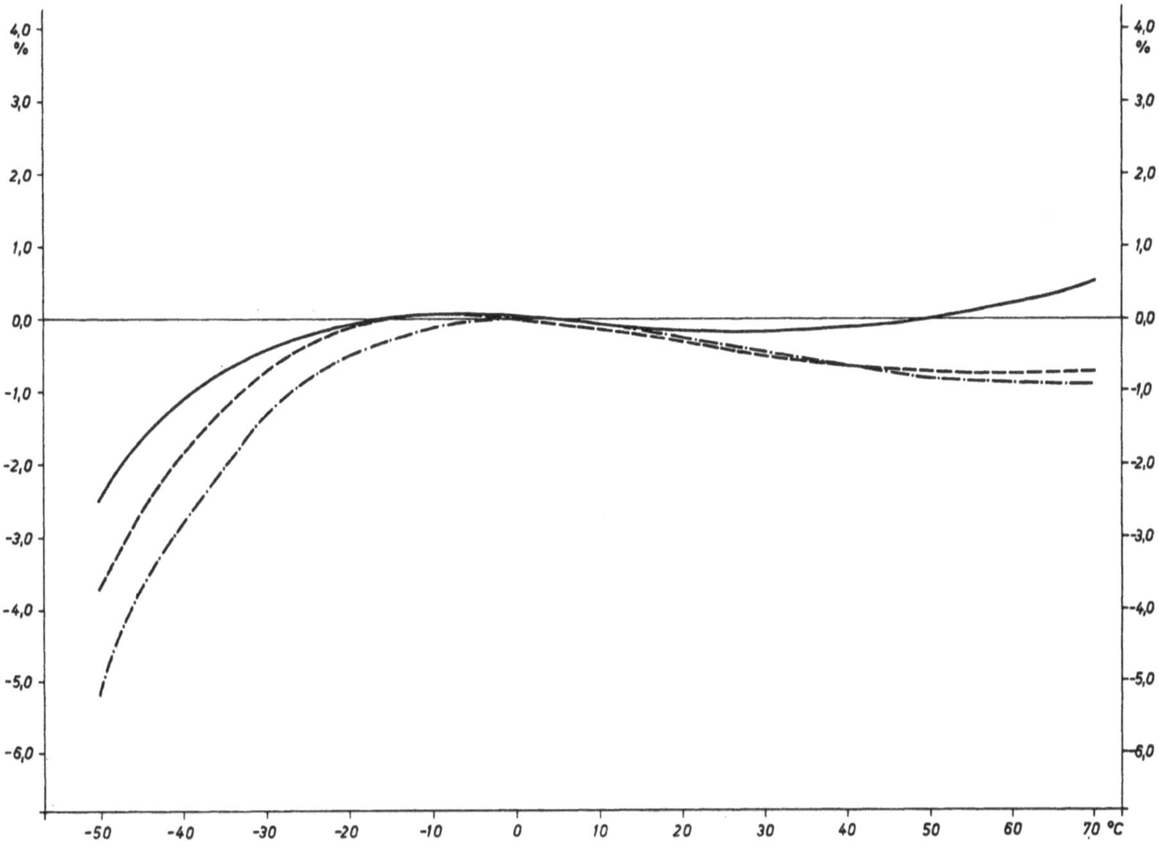

Abb. 4. ——— Prozentuale Abweichung der e_w-Werte nach der MAGNUS-Formel (5.6) von den Normwerten e_{wn} in Abhängigkeit von der Temperatur. Die Konstanten der Formel (5.6) wurden direkt aus den Normwerten berechnet. Konstantensatz I in Tab. 29.
– – – – Prozentuale Abweichung der e_w-Werte der MAGNUS-Formel, deren Konstanten mit linearem γ_v und $Z = Z(T_{68})$ berechnet wurden, von den Normwerten e_{wn} in Abhängigkeit von der Temperatur. Konstantensatz III in Tab. 29.
—·—·— Summe der prozentualen Einzelfehler 2 + 3 + 4 in Abhängigkeit von der Temperatur, die sich durch Vernachlässigungen bei der Ableitung der MAGNUS-Formel mit $Z = Z(T_{68})$ nach Kap. 5 ergeben. Abweichung der Werte der MAGNUS-Formel von den Werten der Formel $\ln e_w = \frac{A_w}{T_{68}} + B_w + C_w \cdot \ln T_{68}$ bezogen auf die Normwerte e_{wn}

$$e_{w2} = e_{w0} \cdot \exp\left\{\left(\frac{q_{v0}}{R_v \cdot T_0} - \frac{q_{v1}}{R_v} + \frac{b_0}{T_0}\right)\frac{t_{68}}{T_0 + t_{68}} + \right.$$
$$\left. + \left(\frac{q_{v1}}{R_v} - b_1\right)\left(\frac{t_{68}}{T_0} - \frac{t_{68}^2}{2 \cdot T_0^2}\right)\right\}, \tag{5.63}$$

$$e_{w3} = e_{w0} \cdot \exp\left\{\left(\frac{q_{v0}}{R_v \cdot T_0} + \frac{q_{v1} \cdot t_{68}}{2 \cdot R_v \cdot T_0} + \right.\right.$$
$$\left.\left. + \frac{b_0}{T_0} + \frac{b_1 \cdot t_{68}}{2 \cdot T_0} - b_1\right)\frac{t_{68}}{T_0 + t_{68}}\right\}, \tag{5.64}$$

$$e_{w4} = e_{w0} \cdot \exp\left\{\frac{a_w \cdot t_{68}}{b_w + t_{68}}\right\} \tag{5.65}$$

mit

$$a_w = \frac{(q_{v0} + b_0 \cdot R_v - b_1 \cdot R_v \cdot T_0)^2}{\left(q_{v0} + b_0 \cdot R_v - \frac{q_{v1} \cdot T_0}{2} - \frac{3 \cdot b_1 \cdot R_v \cdot T_0}{2}\right) R_v \cdot T_0}, \tag{5.66}$$

$$b_w = \frac{(q_{v0} + b_0 \cdot R_v - b_1 \cdot R_v \cdot T_0)\, T_0}{q_{v0} + b_0 \cdot R_v - \frac{q_{v1} \cdot T_0}{2} - \frac{3 \cdot b_1 \cdot R_v \cdot T_0}{2}}, \tag{5.67}$$

Die Gleichung, die die e_{w4}-Werte zu berechnen gestattet, ist wieder die MAGNUS-Formel.

Mit den angegebenen Zahlenwerten für die Konstanten erhält man die max. relativen Fehler in %, die in Tab. 32 eingetragen und in Abb. 3 graphisch dargestellt sind.

Die Summe der Fehler 2 + 3 + 4 gibt die max. relativen Abweichungen in % der Werte aus der MAGNUS-Formel von den Werten aus der Formel (5.14) bzw. (5.19). Diese Werte liegen etwa bei den max. relativen Abweichungen der MAGNUS-Formel von den Normwerten $\frac{e_{w4} - e_{wn}}{e_{wn}} \cdot 100$. Die bestehenden Differenzen sind bedingt durch die Abweichungen der Werte aus der Formel (5.14) bzw. (5.19) von den Normwerten $\frac{e_{w1} - e_{wn}}{e_{wn}} \cdot 100$ (s. Abb. 4).

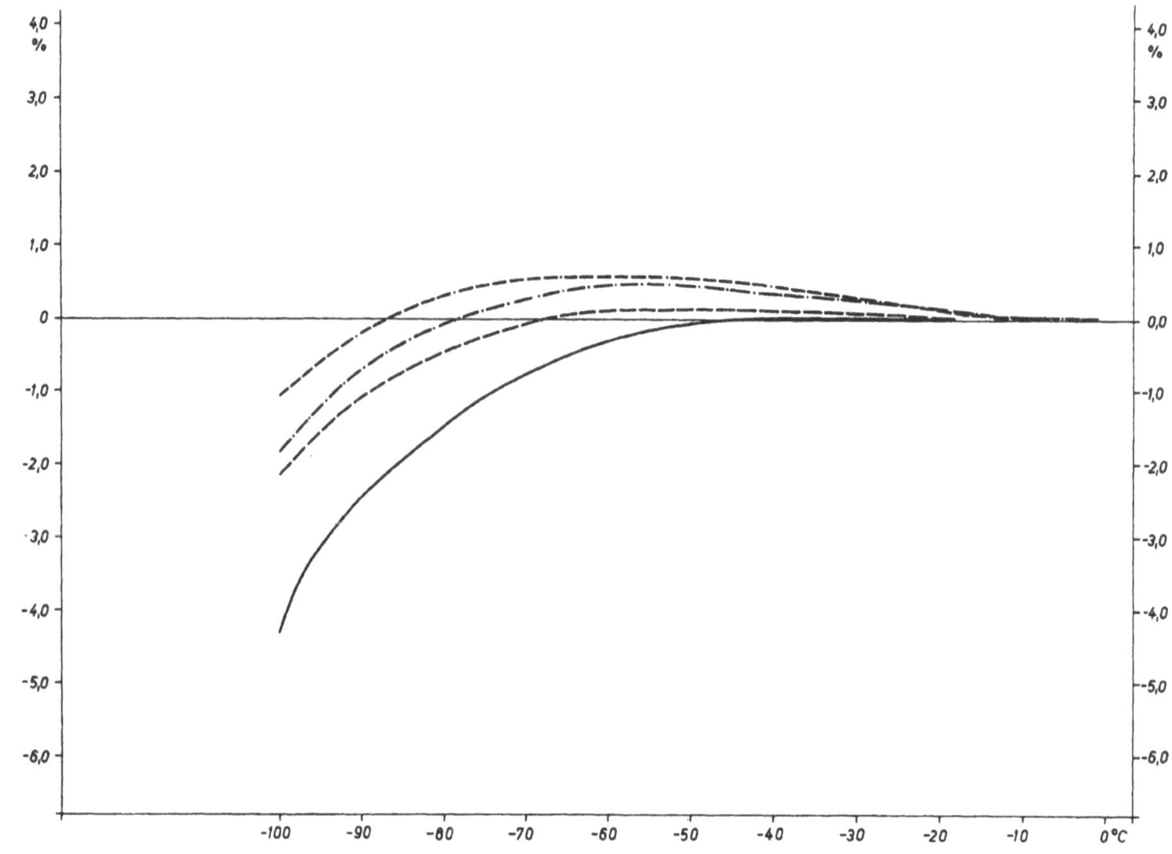

Abb. 5. Prozentuale Abweichungen der e_i-Werte der MAGNUS-Formel von den Normwerten e_{in} in Abhängigkeit von der Temperatur:
——— nach Formel (5.7). Die Konstanten der Formel (5.7) wurden direkt aus den Normwerten berechnet. Konstantensatz I in Tab. 30.
– – – – nach Formel (5.8), bei der ein mittleres $\gamma_s = 2840{,}226$ J/g zugrundegelegt wurde. Konstantensatz II in Tab. 30.
— · — · — nach berechneter MAGNUS-Formel mit linearem γ_s. Konstantensatz III in Tab. 30.
------.------. nach berechneter MAGNUS-Formel mit $\gamma_s = \gamma_{s0}$ nach Tab. 28

Man ersieht ebenfalls aus den Abbildungen 3 und 4, daß sich die bei den vorgenommenen Vernachlässigungen ergebenden Einzelfehler in einem weiten Temperaturbereich aufheben.

In Tab. 33 sind noch 2 Fehler Nr. 5 und 6 aufgeführt. Fehler 5 zeigt die max. relativen Abweichungen bei der MAGNUS-Formel, die durch die Annahme einer linearen Temperaturabhängigkeit gegenüber den wahren γ_v-Werten auftreten. Positive Prozentwerte bedeuten, daß der e_w-Wert, der mit der linearen Temperaturabhängigkeit von γ_v berechnet wurde, größer ist als der mit dem wahren γ_v berechnete Wert. Die e_w-Werte mit den wahren γ_v erhält man, wenn man aus den γ_v-Werten in 10-K-Schritten die Konstanten der MAGNUS-Formel bestimmt und mit diesen die e_w-Werte errechnet.

Fehler 6 zeigt, wie die MAGNUS-Formel reagiert, wenn statt der mit der Temperatur linearen γ_v-Funktion (2.24) die mit der Temperatur lineare l_v-Funktion (2.31) verwendet wird. Die max. relativen Fehler bleiben dabei sehr gering.

6. Fehlerabschätzung beim Übergang von der reinen Phase zu feuchter Luft mit Hilfe des *f*-Faktors

Die in den vorangehenden Kapiteln angegebenen Sättigungsdampfdrücke über Wasser und über Eis gelten streng in reiner Phase über einer ebenen Fläche. Der Begriff „reine Phase“ bedeutet, daß nur Wasserdampf vorhanden ist. Dies kann realisiert werden, wenn z. B. Wasser im Vakuum verdampft wird. Es stellt sich dann nur der Sättigungsdampfdruck ein. Diese Sättigungsdampfdrücke wurden über Wasser mit

$$e_w = e_w(T) \quad \text{bzw.} \quad e_w = e_w(t) \tag{6.1}$$

und über Eis mit

$$e_i = e_i(T) \quad \text{bzw.} \quad e_i = e_i(t) \tag{6.2}$$

bezeichnet. Sie sind nur Funktionen der Temperatur T bzw. t oder T_{68} bzw. t_{68}. Durch die Anwesenheit anderer Gase, z. B. trockener Luft mit dem Druck p_a, wird dann der Gesamtdruck der feuchten Luft

$$p = p_a + e'_w \quad \text{bzw.} \quad p = p_a + e'_i \,. \tag{6.3}$$

In (6.3) ist e'_w und e'_i geschrieben worden, da intermolekulare Vorgänge zwischen den Gasen der Luft und dem Wasserdampf den Sättigungsdampfdruck in reiner Phase e_w bzw. e_i verändert haben. Es ist dann

$$e'_w = e'_w(T, p) \quad \text{bzw.} \quad e'_w = e'_w(t, p) \tag{6.4}$$

und

$$e'_i = e'_i(T, p) \quad \text{bzw.} \quad e'_i = e'_i(t, p) \,, \tag{6.5}$$

da die intermolekularen Vorgänge vom Druck abhängig sind. Es läßt sich jeweils ein Faktor f_w und f_i angeben, mit dem die Sättigungsdampfdruckwerte in der reinen Phase multipliziert werden können, um die Werte in feuchter Luft zu erhalten:

$$e'_w = f_w \cdot e_w \tag{6.6}$$

und

$$e'_i = f_i \cdot e_i \,. \tag{6.7}$$

Die Faktoren f_w und f_i werden Vergrößerungsfaktoren oder kurz f-Faktoren genannt und sind Funktionen des Druckes und der Temperatur. Diese Faktoren haben nichts mit dem vorher beschriebenen Z-Faktor zu tun, der für die reine Phase gilt und die Abweichung vom idealen Gasgesetz darstellt.

Eine Darstellung des f-Faktors für unkomprimierte feuchte Luft kann nach J. A. GOFF (1949) gegeben werden. Sie ist auch von L. P. HARRISON (1965) p. 48, D. SONNTAG (1979a) und D. SONNTAG und D. HEINZE (1982) verwendet worden.

Es ist

$$\ln f_w = \zeta_w \left(1 - \frac{e_w}{p}\right) + \xi_w \left(\frac{p}{e_w} - 1\right) \tag{6.8}$$

und

$$\ln f_i = \zeta_i \left(1 - \frac{e_i}{p}\right) + \xi_i \left(\frac{p}{e_i} - 1\right) . \tag{6.9}$$

In (6.8) und (6.9) sind die ζ_w, ξ_w und ζ_i, ξ_i Funktionen des 2. Virialkoeffizienten der trockenen Luft A_{aa}, des 2. und 3. Virialkoeffizienten des Wasserdampfes A_{vv} und A_{vvv}, des Virialkoeffizienten der intermolekularen Beeinflussung A_{av} bezogen auf mol sowie der Sättigungsdampfdrücke in reiner Phase e_w und e_i, der universellen Gaskonstante R, der Gaskonstante für Wasserdampf R_v, der Temperatur T, des Löslichkeitskoeffizienten von Luft in Wasser k' und des spezifischen Volumens des flüssigen und festen Wassers v_w und v_i.

$$\zeta_w = (A_{aa} - 2 \cdot A_{av} + A_{vv}) \frac{e_w}{R \cdot T} + A_{vvv} \frac{e_w^2}{R \cdot T} \,, \tag{6.10}$$

$$\xi_w = -k' \cdot e_w + v_w \frac{e_w}{R_v \cdot T} + (A_{aa} + 2 \cdot A_{av}) \frac{e_w}{R \cdot T} \,, \tag{6.11}$$

$$\zeta_i = (A_{aa} - 2 \cdot A_{av} + A_{vv}) \frac{e_i}{R \cdot T} + A_{vvv} \frac{e_i^2}{R \cdot T} \,, \tag{6.12}$$

$$\xi_i = -k' \cdot e_i + v_i \frac{e_i}{R_v \cdot T} + (A_{aa} + 2 \cdot A_{av}) \frac{e_i}{R \cdot T} \,. \tag{6.13}$$

Die Virialkoeffizienten sind selbst wieder temperaturabhängig. Sie werden in den Gleichungen (6.10) bis (6.13) auf mol bezogen, da der Virialkoeffizient der intermolekularen Beeinflussung A_{av} weder exakt durch die Gaskonstanten der trockenen Luft R_a noch durch die des Wasserdampfes R_v dividiert werden kann. Es ließe sich nur A_{aa} durch R_a und A_{vv} und A_{vvv} durch R_v dividieren, wobei dann die Virialkoeffizienten auf die Masse bezogen werden können.

Andererseits findet man auch die Darstellung der Virialkoeffizienten, bei denen schon durch $R \cdot T$ dividiert wurde. Es haben dann A_{aa}, A_{vv} und A_{av} die Einheit Pa^{-1} und A_{vvv} die Einheit Pa^{-2}. Beim Einsetzen von Zahlenwerten muß dies beachtet werden. Halbempirische Formeln oder Zahlenwerte der Virialkoeffizienten findet man bei J. A. GOFF (1949), L. P. HARRISON (1965) und R. W. HYLAND (1975).

In Tab. 34 sind die ζ_w-, ξ_w- und e_w-Werte eingetragen. Gleichzeitig wurden in Tab. 34 für den Normdruck 1013,25 hPa die e'_w-Werte und deren relative Abweichungen von den e_w-Werten in Prozent angegeben.

In Tab. 35 sind die ζ_i-, ξ_i- und e_i-Werte eingetragen. Gleichzeitig wurden in Tab. 35 für den Normdruck 1013,25 hPa die e'_i-Werte und deren relative Abweichungen von den e_i-Werten in Prozent angegeben.

Nach Tab. 34 liegen alle Werte bezogen auf Wasser bei p_0 = 1013,25 hPa zwischen −50 und 90 °C um den mittleren f_w-Faktor

$$f_w = 1{,}00519 \pm 0{,}00108 \,, \tag{6.14}$$

d. h. um (0,519 ± 0,108)% höher. Nach Tab. 35 liegen alle Werte bezogen auf Eis zwischen −90 und 0 °C um den mittleren f_i-Faktor

$$f_i = 1{,}00686 \pm 0{,}00235 \,, \tag{6.15}$$

d. h. um (0,686 ± 0,235)% höher.

Wenn der Luftdruck sich bei 1013,25 hPa um ±40 hPa ändert, ändert sich die relative Erhöhung um etwa ±0,03%. Mit abnehmendem Luftdruck nehmen auch die f_w- und f_i-Faktoren ab. Beispielsweise bei 40 °C und p = 1013,25 hPa ist f_w = 1,0051, bei p = 700 hPa ist f_w = 1,0041 und bei p = 300 hPa ist f_w = 1,0026.

Die WMO (1951) schlug vor, daß im meteorologischen Temperatur- und Druckbereich $f = 1$ gesetzt werden soll.

Für komprimierte CO_2-freie Luft im Druckbereich von $2{,}5 \cdot 10^4$ bis $1 \cdot 10^7$ Pa (0,25 bis 100 bar) hat R. W. HYLAND (1975) Werte zur Vergrößerung der Sättigungsdampfdruckwerte der reinen Phase angegeben, die L. GREENSPAN (1978) in Formeln zusammenfaßte, die den Druckbereich von 0,1 bis 2 MPa (1 bis 20 bar) umfassen (1 bar = 10^5 Pa = 10^3 hPa):

$$\zeta_w = \sum_{j=1}^{4} A_{wj} \cdot t_{68}^{(j-1)}, \tag{6.16}$$

$$\ln \xi_w = \sum_{j=1}^{4} B_{wj} \cdot t_{68}^{(j-1)}, \tag{6.17}$$

und

$$\zeta_i = \sum_{j=1}^{4} A_{ij} \cdot t_{68}^{(j-1)}, \tag{6.18}$$

$$\ln \xi_i = \sum_{j=1}^{4} B_{ij} \cdot t_{68}^{(j-1)}. \tag{6.19}$$

Die Konstanten A_{wj}, B_{wj} und A_{ij}, B_{ij} sind in den Tabellen 36 und 37 enthalten.

Die Formeln umfassen einen recht großen Druckbereich und sind daher bei 0,1 MPa (1 bar) nicht sehr gut an die GOFF-Werte angepaßt. Einige ausgewählte Werte von f_w und f_i, wie sie R. W. HYLAND (1975) angegeben hat, sind in Tab. 38 zusammengestellt (siehe dazu auch D. SONNTAG und D. HEINZE (1982)).

7. Anwendungen der Sättigungsdampfdruck-Formel nach Magnus

Die für praktische Zwecke recht brauchbare MAGNUS-Formel zur Berechnung der Sättigungsdampfdrücke über Wasser und Eis wird in diesem Kapitel zur Lösung einiger Aufgaben der Feuchtemeßtechnik in der Praxis verwendet. Da sich hierbei die Temperaturen und der Luftdruck im meteorologischen Bereich befinden, wird nach Vorschlag der WMO (1951) $e_w = e'_w$ und $e_i = e'_i$ gesetzt, also $f_w = f_i = 1$ angenommen und damit als temperatur- und druckunabhängig angegeben.

7.1. Berechnung der Tau- und Reifpunkttemperatur aus dem Wasserdampfdruck

Schon E. F. AUGUST (1828a und b) formte seine Formel, deren Typ in Gleichung (5.5) gegeben wurde, um, damit aus dem Wasserdampfdruck die Taupunkttemperatur berechnet werden konnte. Hier wird der reine MAGNUS-Typ umgeformt, wie D. SONNTAG (1979b) und (1980a) zeigte. In allgemeiner Form erhält man für die Taupunkttemperatur

$$t_d = \frac{b_w(\ln e_w - \ln e_{w0})}{a_w - (\ln e_w - \ln e_{w0})} = \frac{b_w \ln (e_w/e_{w0})}{a_w - \ln (e_w/e_{w0})} \tag{7.1}$$

und für die Reifpunkttemperatur

$$t_f = \frac{b_i(\ln e_i - \ln e_{i0})}{a_i - (\ln e_i - \ln e_{i0})} = \frac{b_i \ln (e_i/e_{i0})}{a_i - \ln (e_i/e_{i0})}, \tag{7.2}$$

da im Sättigungszustand $t_{68} = t_d$ bzw. $t_{68} = t_f$ ist.[1]) Setzt man die empirisch bestimmten Konstanten ein, so erhält man t_d und t_f in °C, wobei e_w und e_i in hPa einzusetzen sind. t_d: —30 bis 70 °C

$$t_d = \frac{241{,}2(\ln e_w - \ln 6{,}11213)}{17{,}5043 - (\ln e_w - \ln 6{,}11213)}; \tag{7.3}$$

t_f: —60 bis 0,01 °C

$$t_f = \frac{272{,}186\,(\ln e_i - \ln 6{,}11153)}{22{,}4433 - (\ln e_i - \ln 6{,}11153)}. \tag{7.4}$$

[1]) Alle t_d und t_f beziehen sich auf die IPTS-68.

7.2. Einsatz der Magnus-Formel in der Psychrometrie zur Berechnung des Wasserdampfdruckes

Es wurde schon in Kap. 5 erwähnt, daß der MAGNUS-Formel-Typ zur Berechnung des Sättigungsdampfdruckes über Wasser und über Eis zur Berechnung von Aspirationspsychrometer-Tafeln benutzt wurde — wie z. B. vom Deutschen Wetterdienst (1976) und (1979) —, wobei für einen größeren Temperaturbereich 2 Konstantensätze a_w und b_w verwendet wurden. (Zur Wahl der Konstanten und der Aspirationspsychrometer-Formeln siehe die kritischen Bemerkungen von D. SONNTAG (1979b).)

Da die psychrometrische Methode nach negativen Celsius-Temperaturen hin sehr unempfindlich wird, reichen Formeln aus, die als untere Grenze —25 °C haben. Nach höheren Temperaturen zu sollte die Grenze bei 50 °C liegen.

Im psychrometrischen Bereich sind die MAGNUS-Formeln (5.6) für Wasser und (5.7) für Eis sehr gut geeignet. Die Werte nach diesen Formeln siehe Tab. 29 und Tab. 30, jeweils Konstantensatz I. Für Wasser zwischen —20 und 50 °C sind die max. relativen Abweichungen $< \pm 0{,}18\,\%$ und für Eis zwischen —40 und 0 °C $< 0{,}023\,\%$. In der Psychrometerformel wird der Wert von $e_w(t_w)$ mit der Feuchttemperatur t_w benötigt.

Einige Formeln nach D. SONNTAG (1980b) seien aufgeführt. Zunächst folgt allgemein aus der Analogietheorie

$$e = e_w(t_w) - \frac{c_p}{\frac{M_v}{M_a} \cdot l_v(t_w)} \cdot p \cdot \left(\frac{a}{D}\right)^n \cdot \frac{\alpha + \alpha_{ü}}{\alpha} (t - t_w), \quad (7.5)$$

$$e = e_i(t_i) - \frac{c_p}{\frac{M_v}{M_a} \cdot l_s} \cdot p \cdot \left(\frac{a}{D}\right)^n \cdot \frac{\alpha + \alpha_{ü}}{\alpha} (t - t_i) \quad (7.6)$$

mit e = Wasserdampfdruck, $e_w(t_w)$ und $e_i(t_i)$ Sättigungsdampfdrücke über Wasser und über Eis bei der Temperatur des feuchten (t_w) und der des vereisten (t_i) Thermometers[1]), c_p = spezifische Wärmekapazität feuchter Luft bei konstantem Druck, p = Luftdruck, a = Temperaturleitfähigkeit, D = Diffusionskoeffizient, $l_v(t_w)$ = Verdampfungswärme des Wassers bei der Feuchttemperatur t_w, l_s = Sublimationswärme, $M_v/M_a = 0{,}622$, $\alpha = 59{,}0 \text{ W m}^{-2} \text{ K}^{-1}$ Wärmeübergangszahl, $\alpha_{ü} = 6{,}36 \text{ W m}^{-2} \text{ K}^{-1}$ Wärmeübergangszahl überschüssiger Wärme beim realen Psychrometer (Masse des Thermometers $\neq 0$). $n = 0{,}56$ ist das Verhältnis der Ventilationsgeschwindigkeiten an der Grenzschicht des feuchten Thermometers und weiter ab. Mit den im Kap. 2 und bei D. SONNTAG (1980a) mitgeteilten Zahlenwerten erhält man für das ideale Psychrometer (Thermometermasse ≈ 0, Thermoelement):

$$e = e_w(t_w) - 0{,}000583 \cdot p \cdot (t_{68} - t_w) \times (1 + 0{,}000944 \cdot t_w), \quad (7.7)$$

$$e = e_i(t_i) - 0{,}000514 \cdot p \cdot (t_{68} - t_i), \quad (7.8)$$

und mit $p = \bar{p} = 1006{,}6$ hPa und e, $e_w(t_w)$ und $e_i(t_i)$, ebenfalls in hPa,

$$e = e_w(t_w) - 0{,}587(t_{68} - t_w) \times (1 + 0{,}000944 \cdot t_w), \quad (7.9)$$

$$e = e_i(t_i) - 0{,}518(t_{68} - t_i). \quad (7.10)$$

Man erhält für das reale Psychrometer (ASSMANNsches Aspirationspsychrometer und EAP 1):

$$e = e_w(t_w) - 0{,}000646 \cdot p \cdot (t_{68} - t_w) \times (1 + 0{,}000944 \cdot t_w), \quad (7.11)$$

$$e = e_i(t_i) - 0{,}000570 \cdot p \cdot (t_{68} - t_i), \quad (7.12)$$

und mit $p = \bar{p} = 1006{,}6$ hPa und e, $e_w(t_w)$ und $e_i(t_i)$, ebenfalls in hPa,

$$e = e_w(t_w) - 0{,}650(t_{68} - t_w) \times (1 + 0{,}000944 \cdot t_w), \quad (7.13)$$

$$e = e_i(t_i) - 0{,}574(t_{68} - t_i). \quad (7.14)$$

[1]) Alle t_w und t_i beziehen sich auf die IPTS-68.

7.3. Einsatz der Magnus-Formel zur Berechnung der Feuchttemperatur aus Tau- bzw. Reifpunkttemperatur und Lufttemperatur

Wenn Werte der Tau- und Reifpunkttemperatur t_d oder t_f und Lufttemperaturwerte t_{68} gemessen worden sind, kann daraus die Feuchttemperatur t_w über Wasser oder t_i über Eis berechnet werden. Das kann sich als notwendig erweisen, wenn kein Aspirationspsychrometer vorhanden ist oder wenn aus anderen Gründen die psychrometrischen Meßwerte ausfallen. Bei Aspirationspsychrometern mit Dauerbefeuchtung kann bei Vereisung auch die Nachführung des Wassers ausfallen. Feuchttemperaturen werden aber benötigt, denn sie stellen ein Maß für den Wärmegehalt der Luft dar.

Man kann nun Feuchttemperaturen sowohl für das ideale Psychrometer als auch für das reale Psychrometer, z. B. das ASSMANNsche Aspirationspsychrometer, entsprechend der Wahl der Konstanten in der Psychrometerformel berechnen. Es wird von der allgemeinen Form ausgegangen:

$$e = e_w(t_w) - k_w(t_{68} - t_w)(1 + \varepsilon \cdot t_w) \quad (7.15)$$

und

$$e = e_i(t_i) - k_i(t_{68} - t_i). \quad (7.16)$$

Die linke Seite der Gleichungen (7.15) und (7.16) kann mit der MAGNUS-Formel berechnet werden, wobei für $t_{68} = t_d$ gesetzt wird, denn es besteht die Beziehung

$$e_w(t_{68}) = e_w(t_d) = e(t_d). \quad (7.17)$$

Es wird dann

$$e(t_d) = e_{w0} \cdot \exp\left\{\frac{a_w \cdot t_d}{b_w + t_d}\right\}. \quad (7.18)$$

Zur Berechnung von $e_w(t_w)$ und $e_i(t_i)$ kann die MAGNUS-Formel nicht eingesetzt werden. Hier führt nur eine quadratische Formel vom Typ

$$e_w(t_w) = e_{w0} + g_{w1} \cdot t_w + g_{w2} \cdot t_w^2 \quad (7.19)$$

oder allgemein

$$e_w(t_{68}) = e_{w0} + g_{w1} \cdot t_{68} + g_{w2} \cdot t_{68}^2, \quad (7.20)$$

wobei $t_{68} = t_w = t_d$ für den Sättigungszustand gilt, zum Ziel. Entsprechend kann man in bezug auf Eis

$$e_i(t_i) = e_{i0} + g_{i1} \cdot t_i + g_{i2} \cdot t_i^2 \quad (7.21)$$

ansetzen, oder allgemein

$$e_i(t_{68}) = e_{i0} + g_{i1} \cdot t_{68} + g_{i2} \cdot t_{68}^2, \quad (7.22)$$

wobei $t_{68} = t_i = t_f$ für den Sättigungszustand gilt. Gleichung (7.15) kann nun mit (7.19) wie folgt geschrieben werden:

$$e(t_d) = e_{w0} + g_{w1} \cdot t_w + g_{w2} \cdot t_w^2 - k_w(t_{68} - t_w)(1 + \varepsilon \cdot t_w) . \quad (7.23)$$

Nach Umformung in eine quadratische Gleichung für t_w erhält man

$$(g_{w2} + k_w \cdot \varepsilon)\, t_w^2 - (k_w \cdot \varepsilon \cdot t_{68} - k_w - g_{w1})\, t_w - [e(t_d) - e_{w0} + k_w \cdot t_{68}] = 0 \quad (7.24)$$

oder

$$t_w^2 + \frac{k_w + g_{w1} - k_w \cdot \varepsilon \cdot t_{68}}{g_{w2} + k_w \cdot \varepsilon}\, t_w - \frac{e(t_d) - e_{w0} + k_w \cdot t_{68}}{g_{w2} + k_w \cdot \varepsilon} = 0 . \quad (7.25)$$

Gleichung (7.25) kann geschrieben werden

$$t_w^2 + F_w \cdot t_w - G_w = 0 , \quad (7.26)$$

wobei

$$t_w = -\frac{F_w}{2} + \sqrt{\left(\frac{F_w}{2}\right)^2 + G_w} . \quad (7.27)$$

Gleichung (7.16) kann entsprechend mit (7.21) geschrieben werden

$$e(t_d) = e_{i0} + g_{i1} \cdot t_i + g_{i2} \cdot t_i^2 - k_i(t_{68} - t_i) . \quad (7.28)$$

Nach Umformung in eine quadratische Gleichung für t_i erhält man

$$g_{i2} \cdot t_i^2 + (k_i + g_{i1})\, t_i - [e(t_d) - e_{i0} + k_i \cdot t_{68}] = 0 \quad (7.29)$$

oder

$$t_i^2 + \frac{k_i + g_{i1}}{g_{i2}}\, t_i - \frac{e(t_d) - e_{i0} + k_i \cdot t_{68}}{g_{i2}} = 0 . \quad (7.30)$$

Gleichung (7.30) kann geschrieben werden

$$t_i^2 + F_i \cdot t_i - G_i = 0 , \quad (7.31)$$

wobei•

$$t_i = -\frac{F_i}{2} + \sqrt{\left(\frac{F_i}{2}\right)^2 + G_i} . \quad (7.32)$$

Numerisch kann in bezug auf Wasser in (7.19) für den Temperaturbereich $t_{68} = 0$ bis 26 °C mit e_w in hPa und einer Standardabweichung $s = \pm 0{,}23$ hPa eingesetzt werden

I:
$e_{w0} = 6{,}11213$ hPa
$g_{w1} = 0{,}33820$ hPa K^{-1}
$g_{w2} = 0{,}026884$ hPa K^{-2}

oder mit einer Standardabweichung $s = \pm 0{,}11$ hPa im Temperaturbereich $t_{68} = 0$ bis 22 °C

II:
$e_{w0} = 6{,}11213$ hPa
$g_{w1} = 0{,}38463$ hPa K^{-1}
$g_{w2} = 0{,}02356$ hPa K^{-2} .

Im Temperaturbereich $t_{68} = -11$ bis 0 °C kann mit einer Standardabweichung $s = \pm 0{,}0058$ hPa verwendet werden

III:
$e_{w0} = 6{,}11213$ hPa
$g_{w1} = 0{,}4313$ hPa K^{-1}
$g_{w2} = 0{,}0107$ hPa K^{-2} .

Weiterhin kann in bezug auf Eis in (7.21) für den Temperaturbereich $t_{68} = -17$ bis 0 °C mit einer Standardabweichung $s = \pm 0{,}033$ hPa eingesetzt werden

IV:
$e_{i0} = 6{,}11153$ hPa
$g_{i1} = 0{,}46125$ hPa K^{-1}
$g_{i2} = 0{,}01080$ hPa K^{-2} .

Die maximalen relativen Abweichungen in % der Ergebnisse mit den Konstantensätzen I bis IV sind in Tab. 39 eingetragen.

Für das reale Psychrometer (ASSMANNsches Aspirationspsychrometer) wird für einen mittleren Luftdruck von $\bar{p} = 1006{,}6$ hPa eingesetzt

$k_w = 0{,}650$ hPa K^{-1}
$\varepsilon = 0{,}000944$ K^{-1}
$k_i = 0{,}574$ hPa K^{-1} .

Für das ideale Psychrometer (Thermoelement-Psychrometer) wird für einen mittleren Luftdruck von $\bar{p} = 1006{,}6$ hPa eingesetzt:

$k_w = 0{,}587$ hPa K^{-1}
$\varepsilon = 0{,}000944$ K^{-1}
$k_i = 0{,}518$ hPa K^{-1} .

Zur Berechnung von $e(t_d)$ nach Gleichung (7.18) wird im Temperaturbereich $t_{68} = -30$ bis 70 °C bei einer relativen Standardabweichung $s_{rel} < 0{,}5\%$ eingesetzt:

$e_{w0} = 6{,}11213$ hPa
$a_w = 17{,}5043$
$b_w = 241{,}2$ K .

Mit den vorstehenden numerischen Konstanten wird t_w mit dem Konstantensatz I zwischen 0 und 26 °C mit einem max. absoluten Fehler von $\pm 0{,}2$ K erhalten, mit dem Konstantensatz II zwischen 0 und 22 °C mit einem max. absoluten Fehler von $\pm 0{,}1$ K, mit dem Konstantensatz III zwischen -11 und 0 °C mit einem max. absoluten Fehler von $\pm 0{,}01$ K und mit dem Konstantensatz IV zwischen -17 und 0 °C mit einem max. absoluten Fehler von $\pm 0{,}1$ K.

Eine Vereinfachung, bei der für die Berechnung von $e(t_d)$ nicht die MAGNUS-Formel (7.18) sondern eine quadratische Gleichung

$$e(t_d) = e_{w0} + g_{w1} \cdot t_d + g_{w2} \cdot t_d^2 \qquad (7.33)$$

verwendet wird, ergibt bereits zu große Fehler, die die oben genannten wesentlich überschreiten.

7.4. Berechnung der relativen Feuchte

Wenn e mit Hilfe der Psychrometerformel aus gemessenen Luft- und Feuchttemperaturen t_{68} und t_w oder t_{68} und t_i bestimmt worden ist, kann

$$e_w(t) = e_{w0} \cdot \exp\left\{\frac{a_w \cdot t_{68}}{b_w + t_{68}}\right\} \qquad (7.34)$$

berechnet werden, und die relative Feuchte wird

$$U = \frac{e}{e_w(t_{68})} \cdot 100\,\%. \qquad (7.35)$$

Wenn e mit Hilfe einer gemessenen Taupunkttemperatur t_d bestimmt wird,

$$e(t_d) = e_{w0} \cdot \exp\left\{\frac{a_w \cdot t_d}{b_w + t_d}\right\}, \qquad (7.36)$$

so erhält man mit der Lufttemperatur nach Gleichung (7.34) $e_w(t_{68})$ und mit (7.35) die relative Feuchte zu

$$U = \frac{e(t_d)}{e_w(t_{68})} \cdot 100\,\%. \qquad (7.37)$$

Im letzten Falle kann die Formel verkürzt werden mit U in % zu

$$\left.\begin{aligned} U &= 100 \cdot \frac{\exp\left\{\frac{a_w \cdot t_d}{b_w + t_d}\right\}}{\exp\left\{\frac{a_w \cdot t_{68}}{b_w + t_{68}}\right\}} = \\ &= 100 \cdot \exp\left\{a_w\left(\frac{t_d}{b_w + t_d} - \frac{t_{68}}{b_w + t_{68}}\right)\right\} = \\ &= 100 \cdot \exp\left\{-\frac{a_w \cdot b_w(t_{68} - t_d)}{(b_w + t_d)(b_w + t_{68})}\right\} = \\ &= 100 \cdot \exp\left\{-\frac{\frac{a_w}{b_w}(t_{68} - t_d)}{\left(1 + \frac{t_d}{b_w}\right)\left(1 + \frac{t_{68}}{b_w}\right)}\right\}. \end{aligned}\right\} \qquad (7.38)$$

8. Zusammenfassung

Ausgehend von den in den letzten 3 Jahrzehnten international vereinbarten Veränderungen thermodynamischer Größen und Einheiten, wie SI und IPTS-68, sowie von neu bekannt gewordenen Sättigungsdampfdruckmeßwerten vom Tripelpunkt bis zum Siedepunkt des Wassers wird eine Neuberechnung der Konstanten von Sättigungsdampfdruckformeln über Wasser im Temperaturbereich —100 bis 100 °C und über Eis von —100 bis 0 °C vorgenommen.

Als Ausgangsgleichung dient die Gleichung von CLAUSIUS-CLAPEYRON. Von dieser Gleichung werden zunächst sehr genaue Referenzformeln für den Sättigungsdampfdruck über Wasser und über Eis abgeleitet. Anschließend wird die Zahl der Konstanten systematisch von 5 auf 2 verringert, wobei sich die Genauigkeit der Werte ebenfalls schrittweise verringert.

Ferner wird die sogenannte MAGNUS-Formel abgeleitet und eine schrittweise Analyse der Fehler vorgenommen, die durch die einzelnen Vernachlässigungsschritte entstehen. Eine Zusammenstellung der Sättigungsdampfdruckformeln über Wasser wird in Tab. 40 gegeben, und die Temperaturbereiche, in denen die maximale relative Abweichung der Sättigungsdampfdruckwerte von den Normwerten kleiner 0,5 % ist, sind in Tab. 41 enthalten. In den Tabellen 42 und 43 ist das gleiche für die Werte über Eis zusammengestellt. Ebenfalls wird auf den Übergang von der reinen Phase zu feuchter Luft eingegangen.

Die Sättigungsdampfdruckformel nach MAGNUS gestattet, die Tau- und Reifpunkttemperatur zu berechnen. Sie kann in der Psychrometrie eingesetzt werden zur Berechnung der Feuchttemperatur aus Tau- bzw. Reifpunkttemperatur und Lufttemperatur. Schließlich kann sie zur Berechnung der relativen Feuchte herangezogen werden. Die Ergebnisse der Berechnungen und Fehleranalysen werden in Abbildungen und zahlreichen Tabellen mitgeteilt.

Summary

Starting from improvements of thermodynamic quantities and units, such as SI and IPTS-68, internationally agreed upon during the past 3 decades, and from recently published measurements of saturation vapour pressure from triple point up to the boiling point of water, a new calculation is carried out of the constants of saturation vapour pressure formulas over water in the temperature range —100 to 100 °C and over ice from —100 to 0 °C.

The starting formula is the CLAUSIUS-CLAPEYRON equation, from which, first of all, highly accurate reference formulas are derived for the saturation vapour pressure over water and ice.

Subsequently, the number of constants is systematically reduced from 5 to 2, whereby the accuracy of values decreases step by step as well.

Furthermore, the so-called MAGNUS-formula is derived and a step-by-step analysis is carried out of the errors originating from the individual steps of neglecting. The transition from the pure phase to moist air is also dealt with. The dew-point and frost-point temperature can be calculated by means of the MAGNUS saturation vapour pressure formula, which can be applied in psychrometry for calculating the wet bulb temperature from dew-point or frost-point temperature respectively and from air temperature. Finally, it can be utilized for calculating the relative humidity. The results of calculations and error analyses are presented in figures and numerous tables.

Резюме

Исходя из изменений термодинамических величин и единиц как *SI* и *IPTS*-68, согласованных в последние три десятилетия по международным договорам, а также из ставших известными новых измерений упругости насыщения водяного пара от тройной точки до точки кипения воды заново проводится расчет постоянных величин формул упругости насыщения пара над водой в области температур от —100° до 100 °Ц. и надо льдом в области температур от —100° до 0 °Ц.

Исходным уравнением служит уравнение Клаузиуса-Клапейрона. Из этого уравнения сперва выводятся очень точные формулы приведения для упругости насыщения пара над водой и льдом. Потом число постоянных величин систематически уменьшается от 5-и до 2-х, причем точность значений также ступенями уменьшается.

Кроме того выводится так называемая формула Магнуса и ступенями проводится анализ ошибок, возникающих благодаря отдельным ступеням пренебрежения. Рассматривается также переход от чистой фазы к влажному воздуху.

Формула упругости насыщения пара по Магнусу позволяет вычислить температуру точек росы и образования инея. Она может использоваться в психрометрии для расчета температуры смоченного термометра по значениям температур точки росы, точки образования инея и воздуха. Наконец она может привлекаться для расчета относительной влажности. Результаты расчетов и анализов ошибок сообщаются в рисунках и во многих таблицах.

9. Literaturverzeichnis

AHRENS, W., Zur Verwendung der Magnus-Formel in numerischen Modellen der Wettervorhersage. Z. Meteor. **27** (1977) 156—161.

ASMW, Temperaturskale. TGL 29760, 7 Seiten, März 1974.

ASMW, SI. Das internationale Einheitensystem. Akademie-Verlag, Berlin, 1977.

ASMW, Einheiten physikalischer Größen. TGL 31548, März 1979.

ASMW, Gasfeuchte. Begriffe, Definitionen, Formelzeichen und Verfahren. TGL 37202, 1980.

AUGUST, E. F., Über das Psychrometer. Annalen der Physik und Chemie (Poggendorff) **14** (1828) 137.

BAUR, F., Meteorologisches Taschenbuch (Neue Ausgabe) BD. II, Leipzig 1970, 491.

BESPALOV, D. P., V. N. KOZLOV i L. T. MATVEEV, Psichrometričeskie tablicy. Gidrometeoizdat, Leningrad 1972.

DEUTSCHER WETTERDIENST, Aspirations-Psychrometer-Tafeln. Akademie-Verlag, Berlin 1963, 4. Auflage.

DEUTSCHER WETTERDIENST, Aspirations-Psychrometer-Tafeln. Verlag F. Vieweg und Sohn, Braunschweig 1976, 5. Aufl.; 1979, 6. Aufl.

DINKELACKER, O., Die thermodynamische Begründung der Magnus-Formel. Annalen der Meteor. **5** (1952) 147—148.

EBERT, H., Über den Begriff der relativen Feuchtigkeit, insbesondere bei hohen Temperaturen. Z. Physik **76** (1932) 163.

EMDEN, R., Über die Dampfspannungen von Salzlösungen. Annalen der Physik und Chemie, Neue Folge (Wiedemann) **31** (1887) 145.

ERDÉLYSZKY, Z., Tetens empirikus képletének elméleti levezetése. Időjárás **56** (1952) 353—356.

FIOCK, E. F. and D. C. GINNINGS, Heat of Vaporization of Water at 50°, 70° and 90°. J. Research NBS **8** (1932) 321—324, RP 416.

FJELDSTAD, J. E., Einige thermische Eigenschaften von Eis- und Wasserdampf. Geofysiske Publikasjoner **3** (1926) Nr. 11.

GATES, W. L., E. S. BATTEN, A. B. KAHLE and A. B. NELSON, A documentation of the Mintz-Rakawa two-level atmospheric general circulation model. Rand, Santa Monica, Ca. 1971, p. 408.

GOFF, J. A., Standardization of Thermodynamic Properties of Moist Air — Final Report of Working Subcommittee. International Joint Committee on Psychrometric Data. Heating, Piping and Air Conditioning **21** (1949) No. 11, 118—128 and Trans. Americ. Soc. Mechn. Eng. **71** (1949) 903—913 and Trans. Americ. Soc. Heat. Vent. Eng. **55** (1949) 459—484.

GOFF, J. A., Saturation Pressure of Water on the New Kelvin Scale. Humidity and Moisture (A. Wexler) New York 1965, Vol. 3, 289—292.

GOFF, J. A. and S. GRATCH, Thermodynamic Properties of Moist Air. Heating, Piping and Air Conditioning **17** (1945) 334—348. Trans. Am. Soc. Heat. Vent. Eng. **51** (1945) 121—128.

GOFF, J. A. and S. GRATCH, Low-Pressure Properties of Water from —160 to 212 F. Trans. Americ. Soc. Heat. Vent. Eng. **52** (1946) 95—122.

GREENSPAN, L., Functional Equations for the Enhancement Factors for CO_2-Free Moist Air. J. Research NBS, A. Physics and Chemistry **80A** (1976) 501—521.

GSSSD, Fundamental'nyje Fizičeskie Konstanty. Tablicz Standartnych Spravočnych Dannych. Moskva 1976, GSSSD 1—76.

GUILDNER, L. A. and R. E. EDSINGER, Deviation of International Practical Temperatures from Thermodynamic Temperatures in the Temperature Range from 273,16 K to 730 K. J. Research NBS, A. Physics and Chemistry **80A** (1976) 703—738.

GUILDNER, L. A., D. P. JOHNSON and F. E. JONES, Vapor Pressure of Water at Its Triple Point. J. Research NBS, A. Physics and Chemistry **80A** (1976) 505—521.

GUTMAN, L. N., Vvedenie v nelinejnuju teoriju mezometeorologičeskich processov. Gidrometeoizat, Leningrad 1969.

HARRISON, L. P., Fundamental Concepts and Definitions Relating to Humidity. Humidity and Moisture (A. Wexler) New York and London 1965, Vol. III, 3—69.

HOLTZMANN, Über die Wärme und Elasticität der Gase und Dämpfe. (Referat einer Schrift). Annalen der Physik und Chemie (Poggendorff) 2. Erg. Bd. (1848) 183—191.

HYLAND, R. W., A Correlation for the Second Interaction Virial Coefficients and Enhancement Factors for Moist Air. J. Research NBS, A. Physics and Chemistry **79A** (1975) 551—560.

ICSU, Committee on Data for Science and Technology. Recommended Consistent Values of the Fundamental Physical Constants, 1973. CODATA-Bulletin No. 11, Dec. 1973, 8p.

IUPAC, Atomic Weights of the Elements 1973. Pure and Appl. Chemistry **37** (1974) No. 4, 591—603.

IUPAC, Atomic Weights of the Elements 1975. Pure and Appl. Chemistry **47** (1976) No. 1, 76—95.

KEYES, F. G., The Thermodynamic Properties of Water Substance 0° to 150 °C. Journ. Chem. Phys. **15** (1947) 602—612.

KIBEL, I. A., Vvedenie v gidrodinamičeskie metody kratkosročnogo prognoza pogody. Gos. izdatel'stvo Tech.-teoret. lit., Moskva 1957.

KLUGE, G. und G. NEUGEBAUER, Grundlagen der Thermodynamik. Studienbücherei, VEB Deutscher Verlag der Wiss., Berlin 1976.

KÖHLER, H., Über Dampfspannungsformeln. Meteor. Z. **43** (1926) 67.

KONDO, H., Numerical experiment of the development of a cumulus convection. J. Meteor. Soc. Japan **52** (1974) 2, 164 to 174.

KRICAK, S. O., Gidrodinamičeskij prognoz osadkov v neadibatičesko modeli atmosfery nad vnetropičeskoj cast'ju severnogo polušarija. Trudy GMZ (1975) Nr. 160, 3—15.

KRISHNAMURTI, T. N. and W. J. MAXIM, On Parametrization of Convective and Nonconvective Latent Heat Release. J. Appl. Meteorol. **10** (1971) No. 1, 3—13.

LIST, R. J., Smithsonian Meteorological Tables. Washington 1951.

MAGNUS, G., Versuche über die Spannkräfte des Wasserdampfes. Annalen der Physik und Chemie (Poggendorff) **61** (1844) 225.

MASON, E. A. and L. MONCHICK, Survey of the Equation of State and Transport Properties of Moist Gases. Humidity and Moisture (A. Wexler) Vol. 3, Reinhold Publishing Corporation, New York 1965, p. 257—272.

MÖLLER, F. und K. BULLRICH, Thermodynamische Grundlagen und Arbeitsmethoden der Aerologie. Handbuch der Aerologie (Hesse), Leipzig 1961, 24.

OSBORNE, N. S., Calorimetry of a Fluid. J. Research NBS **4** (1930) 609—629, RP 168.

OSBORNE, N. S., H. F. STIMSON and E. F. FIOCK, A Calorimetric Determination of Thermal Properties of Saturated Water and Steam from 0° to 270 °C. J. Research NBS **5** (1930) 411—480, RP 209.

OSBORNE, N. S., H. F. STIMSON and D. C. GINNINGS, Calorimetric Determination of the Thermodynamic Properties of Saturated Water in Both the Liquid and Gaseous States from 100° to 374 °C. J. Research NBS **18** (1937) 389—447, RP 983.

OSBORNE, N. S., H. F. STIMSON and D. C. GINNINGS, Measurement of Heat Capacity and Heat of Vaporization of Water in the Range 0° to 100 °C. J. Research NBS **23** (1939a) 197—260, RP 1228.

OSBORNE, N. S., H. F. STIMSON and D. C. GINNINGS, Thermal Properties of Saturated Water and Steam. J. Research NBS **23** (1939b) 261—270, RP 1229.

ROBITZSCH, M., Ausführliche Tafeln zur Berechnung der Luftfeuchtigkeit. Leipzig 1941, 68 S.

SCHEEL, K. und W. HEUSE, Bestimmung des Sättigungsdruckes von Wasserdampf unter 0°. Annalen der Physik (4) **29** (1909) 723.

SCHNAIDT, F., Über die Temperatur- und Druckabhängigkeit der spezifischen Wärmen von Luft und Wasserdampf und der Verdampfungswärme des Wassers. Meteor. Z. **56** (1939) 300.

SONNTAG, D., Hygrometrie. Akademie-Verlag, Berlin 1966—1968, 1086 S.

SONNTAG, D., Probleme der Feuchtigkeitsmessung in großen Höhen. Z. Meteor. **24** (1974a) 80—91.

SONNTAG, D., Hinweise zur Anwendung der gesetzlichen Einheiten in der Meteorologie. Z. Meteor. **24** (1974b) 113—116.

SONNTAG, D., Die Auswertung der Psychrometerformel nach SI-Einheiten und der IPTS-68. Z. Meteor. **27** (1977) 90—103.

SONNTAG, D., Die gegenwärtig genauesten Zahlenwerte von physikalischen Konstanten und thermodynamischen Größen. Z. Meteor. **29** (1979a) 8—15.

SONNTAG, D., Eine Methode zur Prüfung der Leistungsfähigkeit von Aspirationspsychrometerformeln. Z. Meteor. **29** (1979b) 308—317.

SONNTAG, D., Neue Daten für thermodynamische Größen, insbesondere für Wasserdampfgrößen. Wiss. Z. TH Ilmenau **26** (1980a) Heft 4, 35—40.

SONNTAG, D., Das neue elektrische Aspirationspsychrometer EAP 1 in Theorie und Praxis. Wiss. Z. TH Ilmenau **26** (1980b) Heft 4, 81—86.

SONNTAG, D. und D. HEINZE, Sättigungsdampfdruck- und Sättigungsdampfdichtetafeln für Wasser und Eis. VEB Deutscher Verlag für Grundstoffindustrie, Leipzig 1982. (dt., engl., russ.)

SPENCER-GREGORY, H. and E. ROURKE, Hygrometry. London 1957.

STIMSON, H. F., Some Precise Measurements of the Vapor Pressure of Water in the Range from 25 to 100 °C. J. Research NBS. A. Physics and Chemistry **73A** (1969) 493—496.

TETENS, O., Über einige meteorologische Begriffe. Z. Geophysik **6** (1930) 297.

THIESEN, M., Die Dampfspannung über Eis. Annalen der Physik (4) **29** (1909) 1057.

TOULOUKIAN, Y. S. and T. MAKITA, Specific Heat-nonmetallic Liquids and Gases. Thermo-physical Properties of Matter Vol. 6, IFI-Plenum, New York/Washington 1980, p. 105.

WASHBURN, E. W., The vapor pressure of ice and water below the freezing point. Monthly Weather Review **52** (1924) 488.

WEAST, R. and M. J. ASTLE, CRC Handbook of Chemistry and Physics. CRC Press-Inc., West Palm Beach, Florida 59th Ed. 1978/1979, p. F5.

WEXLER, A., Vapor Pressure Formulation for Water in the Range 0 to 100 °C. A Revision. J. Research NBS, A. Physics and Chemistry **80A** (1976) 775—785.

WEXLER, A. and L. GREENSPAN, Vapor Pressure Equation for Water in the Range 0 to 100 °C. J. Research NBS, A. Physics and Chemistry **75A** (1971) 213—230.

WMO, Values of Some Physical Functions and Constants used in Meteorology. Definitions and Specifications of Water Vapor in the Atmosphere. Publ. No. **79** (1951) 30 and 58.

WMO, International Meteorological Tables. WMO Publ. No. 188, T.P. 94, Geneva 1966.

WMO, Values of Some Physical Functions and Constants used in Meteorology. Technical Regulations. Basic Doc. No. 2, WMO No. 49, Vol. 1, General 1975 ed., Appendix C, and ed. 1979.

WMO, Units for atmospheric pressure used in operational and research work of WMO. WMO-No. 533 VIII. Congress. Resolution 7 (Cg-VIII), Geneva 1979, 112—113.

10. Tabellen

Tabelle 1
Verwendete Symbole

A_{aa}	2. Virialkoeffizient der trockenen Luft nach J. A. GOFF und S. GRATCH
A_{av}	2. Virialkoeffizient der intermolekularen Beeinflussung
A_i	Koeffizient in der Sättigungsdampfdruckgleichung in bezug auf Eis
$A_{i1} \dots A_{i4}$	Koeffizienten der ζ_i-Funktion
A_{vv}	2. Virialkoeffizient des Wasserdampfes nach J. A. GOFF und S. GRATCH
A_{vvv}	3. Virialkoeffizient des Wasserdampfes nach J. A. GOFF und S. GRATCH
A_w	Koeffizient in der Sättigungsdampfdruckgleichung in bezug auf Wasser
$A_{w1} \dots A_{w4}$	Koeffizienten der ζ_w-Funktion
B	2. Virialkoeffizient bei Polynomen in Sättigungsvolumenpotenzen
B'	2. Virialkoeffizient bei Polynomen in Sättigungsdampfdruckpotenzen
B_i	Koeffizient in der Sättigungsdampfdruckgleichung in bezug auf Eis
$B_{i1} \dots B_{i4}$	Koeffizienten in der ξ_i-Funktion
B_w	Koeffizient in der Sättigungsdampfdruckgleichung in bezug auf Wasser
$B_{w1} \dots B_{w4}$	Koeffizienten in der ξ_w-Funktion
C	3. Virialkoeffizient bei Polynomen in Sättigungsvolumenpotenzen
C'	3. Virialkoeffizient bei Polynomen in Sättigungsdampfdruckpotenzen
C_i	Koeffizient in der Sättigungsdampfdruckgleichung in bezug auf Eis
C_w	Koeffizient in der Sättigungsdampfdruckgleichung in bezug auf Wasser
D	Diffusionskoeffizient des Wassers in Luft
D_i	Koeffizient in der Sättigungsdampfdruckgleichung in bezug auf Eis
D_w	Koeffizient in der Sättigungsdampfdruckgleichung in bezug auf Wasser
E_i	Koeffizient in der Sättigungsdampfdruckgleichung in bezug auf Eis
E_w	Koeffizient in der Sättigungsdampfdruckgleichung in bezug auf Wasser
F_i	1. Koeffizient in der quadratischen Gleichung für t_i
F_w	1. Koeffizient in der quadratischen Gleichung für t_w
G_i	2. Koeffizient in der quadratischen Gleichung für t_i
G_w	2. Koeffizient in der quadratischen Gleichung für t_w
$G_{w1} \dots G_{w3}$	Koeffizienten in der Sättigungsdampfdruckformel in bezug auf Wasser nach E. F. AUGUST
M_a	molare Molekülmasse der trockenen Luft
M_v	molare Molekülmasse des Wassers
M_1, M_2	Abkürzungen bei der Entwicklung der MAGNUS-Formel
N_a	AVOGADRO-Konstante
N_L	LOSCHMIDTsche Konstante
N_1, N_2	Abkürzungen bei der Entwicklung der MAGNUS-Formel
P	statistische Sicherheit
R	universelle molare Gaskonstante
R_a	Gaskonstante der trockenen Luft
R_v	Gaskonstante des Wasserdampfes
T	thermodynamische Temperatur in K
T_{tr}	Temperatur beim Tripelpunkt des Wassers in K
T_{Pt}	Temperatur des Erstarrungspunktes des Platins in K
T_0	physikalische Normtemperatur in K
T_1, T_2	Temperatur beim Zustand 1 und 2 in K
T_{48}, T_{68}	Temperaturen der IPTS-48 und IPTS-68 in K
U	relative Feuchte in %
V_m	molares Normvolumen idealer Gase
V_{vw}	Sättigungsvolumen in bezug auf Wasser
W	ln Z
Z	Kompressionsfaktor
Z^*	spezieller Kompressionsfaktor
a	Temperaturleitfähigkeit der Luft
a_i	Koeffizient in der MAGNUS-Formel in bezug auf Eis
$a_{s0}, a_{s1}, \dots, a_{s3}$	Koeffizienten in der Funktion $\gamma_s(T_{68})$
$a_{v0}, a_{v1}, \dots, a_{v3}$	Koeffizienten in der Funktion $\gamma_v(T_{68})$
a_w	Koeffizient in der MAGNUS-Formel in bezug auf Wasser
$a_0, a_1, \dots, a_3$	Koeffizienten in der Funktion $\gamma_v(T)$
a_{10}, a_{20}, a_{30}	Koeffizienten des 2. Virialkoeffizienten A_{vv}
b_i	Koeffizient in der MAGNUS-Formel in bezug auf Eis
b_w	Koeffizient in der MAGNUS-Formel in bezug auf Wasser
$b_0, b_1, \dots, b_3$	Koeffizienten in der Funktion $Z(T)$ oder $Z(T_{68})$
b_{10}	Koeffizient des 3. Virialkoeffizienten A_{vvv}
c_i	spezifische Wärmekapazität des Eises
c_p	spezifische Wärmekapazität feuchter Luft bei konstantem Druck
c_{pa}	spezifische Wärmekapazität der trockenen Luft bei konstantem Druck
c_{pv}	spezifische Wärmekapazität des Wasserdampfes bei konstantem Druck
c_{va}	spezifische Wärmekapazität der trockenen Luft bei konstantem Volumen
c_{vv}	spezifische Wärmekapazität des Wasserdampfes bei konstantem Volumen
c_w	spezifische Wärmekapazität des Wassers
$c_0, c_1, \dots, c_4$	Koeffizienten in der Sättigungsdampfdruckformel $e_w(T)$ nach A. WEXLER
$c_{10}, c_{20}, \dots, c_{60}$	Koeffizienten in der Sättigungsdampfdruckformel in bezug auf Wasser nach J. A. GOFF und S. GRATCH
d_{10}, d_{20}, d_{30}	Koeffizienten in der Sättigungsdampfdruckformel in bezug auf Eis nach J. A. GOFF und S. GRATCH
e	Wasserdampfdruck in reiner Phase
e_i	Sättigungsdampfdruck über Eis in reiner Phase
e_{i0}	Sättigungsdampfdruck über Eis in reiner Phase bei T_0
e_{in}	Normwert von e_i
e_{i1}, e_{i2}	Sättigungsdampfdrücke über Eis in reiner Phase beim Zustand 1 und 2
e_i'	Sättigungsdampfdruck feuchter Luft über Eis
e_w	Sättigungsdampfdruck über Wasser in reiner Phase
e_{w0}	Sättigungsdampfdruck über Wasser in reiner Phase bei T_0
e_{wn}	Normwert von e_w

e_{w1}, e_{w2} — in Kap. 2 und 4: Sättigungsdampfdruck über Wasser in reiner Phase beim Zustand 1 und 2
$e_{w1}, \ldots, e_{w4}$ — in Kap. 5: Sättigungsdampfdrücke über Wasser bei der schrittweisen Ableitung der MAGNUS-Formel
e'_w — Sättigungsdampfdruck feuchter Luft über Wasser
f_i — f-Faktor in bezug auf Eis
f_w — f-Faktor in bezug auf Wasser
g_{i1}, g_{i2} — Koeffizienten in der quadratischen Gleichung für e_i
g_n — Normfallbeschleunigung
g_{w1}, g_{w2} — Koeffizienten in der quadratischen Gleichung für e_w
h_a — spezifische Enthalpie der trockenen Luft
h_i — spezifische Enthalpie des Eises
h_{vi} — spezifische Enthalpie des gesättigten Wasserdampfes in bezug auf Eis
h_{vw} — spezifische Enthalpie des gesättigten Wasserdampfes in bezug auf Wasser
h_w — spezifische Enthalpie des Wassers
k — BOLTZMANN-Konstante
k' — Löslichkeitskoeffizient von Luft in Wasser
k_i — Konstante in der Psychrometerformel für vereistes Thermometer
k_w — Konstante in der Psychrometerformel für Wasser am Thermometer
l_v — spezifische Verdampfungswärme
l_v^* — spezifische Verdampfungswärme nach der WMO (1966)
l_s — spezifische Sublimationswärme
l_s^* — spezifische Sublimationswärme nach der WMO (1966)
m_{H_2O} — Masse des Wassermoleküls
n — Exponent in der Psychrometergleichung
p — Luftdruck
$\bar{p}$ — mittlerer Luftdruck
p_a — Druck der trockenen Luft
p_0 — physikalischer Normdruck
$q_{v0}, q_{v1}, \ldots, q_{v3}$ — Koeffizienten in der Funktion $\gamma_v(t_{68})$
q_{s0}, q_{s1} — Koeffizienten in der Funktion $\gamma_s(t_{68})$
r — Mischungsverhältnis
s — Standardabweichung
s_{rel} — relative Standardabweichung in %
t — Celsius-Temperatur bezogen auf die thermodynamische Temperaturskale
t_d — Taupunkttemperatur in °C
t_f — Reifpunkttemperatur in °C
t_i — Feuchttemperatur bei vereistem Thermometer in °C
t_w — Feuchttemperatur in °C
t_{48}, t_{68} — Temperaturen nach der IPTS-48 und IPTS-68 in °C
v_i — spezifisches Volumen des Eises
v_{vi} — spezifisches Volumen des Wasserdampfes bei Sättigung über Eis
v_{vw} — spezifisches Volumen des Wasserdampfes bei Sättigung über Wasser
v_w — spezifisches Volumen des Wassers
α — Wärmeübergangszahl
α_v — thermodynamische Größe in bezug auf Wasser $= h_w - T \cdot v_w \cdot \frac{de_w}{dT}$
α_s — thermodynamische Größe in bezug auf Eis $= h_i - T \cdot v_i \cdot \frac{de_i}{dT}$
$\alpha_ü$ — Wärmeübergangszahl überschüssiger Wärme beim realen Psychrometer
β_v — thermodynamische Größe in bezug auf Wasser $= T \cdot v_w \cdot \frac{de_w}{dT}$
β_s — thermodynamische Größe in bezug auf Eis $= T \cdot v_i \cdot \frac{de_i}{dT}$
γ_v — thermodynamische Größe in bezug auf Wasser $= T \cdot v_{vw} \cdot \frac{de_w}{dT}$
γ_{v0} — thermodynamische Größe in bezug auf Wasser γ_v bei T_0
γ_s — thermodynamische Größe in bezug auf Eis $= T \cdot v_{vi} \cdot \frac{de_i}{dT}$
γ_{s0} — thermodynamische Größe in bezug auf Eis γ_s bei T_0
ε — Koeffizient in der Psychrometerformel
ζ_i — temperaturabhängiger Koeffizient der f_i-Funktion
ζ_w — temperaturabhängiger Koeffizient der f_w-Funktion
λ_a — Wärmeleitfähigkeit der trockenen Luft
ξ_i — temperaturabhängiger Koeffizient der f_i-Funktion
ξ_w — temperaturabhängiger Koeffizient der f_w-Funktion
ϱ_a — Dichte trockener Luft

Tabelle 2
Differenzen der thermodynamischen Temperatur T und der Temperatur T_{68} nach der IPTS-68 nach L. A. GUILDNER und R. E. EDSINGER (1976). Für negative Celsius-Temperaturen wurden die Werte extrapoliert

t_{68} °C	$T - T_{68}$ K	t_{68} °C	$T - T_{68}$ K
100	−0,0252	0	0,0000
90	−0,0223	− 10	−0,0022
80	−0,0192	− 20	−0,0067
70	−0,0159	− 30	−0,0146
60	−0,0126	− 40	−0,0271
50	−0,0094	− 50	−0,0458
40	−0,0063	− 60	−0,0726
30	−0,0035	− 70	−0,1103
20	−0,0014	− 80	−0,1625
10	−0,0002	− 90	−0,2339
0	0,0000	−100	−0,3313

Tabelle 3
Differenz zwischen den Temperaturen T_{68} nach der IPTS-68 und den Temperaturen T_{48} nach der IPTS-48 nach ASMW (1974)

t_{68} °C	$T_{68} - T_{48}$ K	t_{68} °C	$T_{68} - T_{48}$ K
100	0,000	0	0,000
90	−0,003	− 10	0,006
80	−0,006	− 20	0,012
70	−0,008	− 30	0,018
60	−0,010	− 40	0,024
50	−0,010	− 50	0,029
40	−0,010	− 60	0,032
30	−0,009	− 70	0,034
20	−0,007	− 80	0,033
10	−0,004	− 90	0,029
0	0,000	−100	0,022

Tabelle 4
Für die Feuchtemeßtechnik wichtige physikalische Fundamentalkonstanten. Auszug aus ICSU 1973

Größe	Symbol	Zahlenwert und Einheit
AVOGADRO-Konstante	N_A	$6{,}022045(31) \cdot 10^{23}\ \mathrm{mol^{-1}}$
universelle molare Gaskonstante	R	$8{,}31441(26)\ \mathrm{J\ mol^{-1}\ K^{-1}}$
molares Normvolumen idealer Gase ($T_0 = 273{,}15$ K, $p_0 = 101\,325$ Pa)	$V_m = R \cdot T_0/p_0$	$0{,}02241383(70)\ \mathrm{m^3\ mol^{-1}}$
BOLTZMANN-Konstante	$k = R/N_A$	$1{,}380662(44) \cdot 10^{-23}\ \mathrm{J\ K^{-1}}$

Tabelle 5
Definierte Zahlenwerte von Größen
(die Standardabweichung entfällt)

Größe	Symbol	Zahlenwert und Einheit
physikalische Normtemperatur	T_0	273,15 K
physikalischer Normdruck	p_0	101 325 Pa = 1013,25 hPa
Temperatur des Wassertripelpunktes	T_{tr}	273,16 K
Normfallbeschleunigung	g_n	$9{,}80665\ \mathrm{m/s^2}$
Erstarrungspunkt des Platins	T_{Pt}	2042 K

Tabelle 6
Thermodynamische Konstanten

Größe	Symbol	Zahlenwert und Einheit
Gaskonstante des Wasserdampfes	R_v	$461{,}520(19)\ \mathrm{J\ kg^{-1}\ K^{-1}}$ $= 0{,}461520(19)\ \mathrm{J\ g^{-1}\ K^{-1}}$
molare Molekülmasse des Wassers	M_v	0,01801528(50) kg/mol = 18,01528(50) g/mol
Masse des Wassermoleküls	$m_{H_2O} = M_v/N_A$	$2{,}991555(84) \cdot 10^{-26}$ kg $= 2{,}991555(84) \cdot 10^{-23}$ g
LOSCHMIDTsche Konstante	$N_L = N_A/V_m$	$2{,}686754(85) \cdot 10^{25}\ \mathrm{m^{-3}}$
Sättigungsdampfdruck am Wassertripelpunkt	$e_w(T_{tr})$	611,657(4) Pa = 6,11657(4) hPa
Sättigungsdampfdruck über Wasser bei der physikalischen Normtemperatur T_0	e_{w0}	6,11213(4) hPa
Sättigungsdampfdruck über Eis bei der physikalischen Normtemperatur T_0	e_{i0}	6,11153(4) hPa
Gaskonstante der trockenen Luft	R_a	$287{,}055(10)\ \mathrm{J\ kg^{-1}\ K^{-1}}$ $= 0{,}287055(10)\ \mathrm{J\ g^{-1}\ K^{-1}}$
molare Molekülmasse der trockenen Luft	M_a	0,0289645(5) kg/mol = 28,9645(5) g/mol
Verhältnis von M_v und M_a	M_v/M_a	$0{,}62198(2) \approx 0{,}622$

Tabelle 7

Spezifische Volumina des gesättigten Wasserdampfes in bezug auf Wasser und des Wassers

t_{68} °C	v_{vw} cm³/g	v_w[1] cm³/g	$\frac{v_{vw}}{v_{vw} - v_w}$	$\frac{v_{vw} - v_w}{v_{vw}}$
100	1673,579986	1,0434421	1,000623868	0,999376521
90	2361,743050	1,0359227	1,000438819	0,999561374
80	3408,988129	1,0290176	1,000301946	0,999698145
70	5044,821274	1,0227327	1,000202770	0,999797271
60	7674,309297	1,0170852	1,000132549	0,999867469
50	12036,33396	1,0121055	1,000084095	0,999915912
40	19527,77084	1,0078423	1,000051613	0,999948390
30	32895,64426	1,0043688	1,000030533	0,999969468
20	57784,19642	1,0017961	1,000017337	0,999982663
10	106352,1999	1,0002975	1,000009406	0,999990594
0,01	206049,1129	1,0001577	1,000004854	0,999995146
0	206206,1374	1,0001575	1,000004851	0,999995149
−10	423789,4564	1,0018835	1,000002364	0,999997636
−20	929973,8889	1,0064919	1,000001082	0,999998918
−30	2197778,848	1,0164079	1,000000462	0,999999538
−40	5649064,889			
−50	15978556,49			

[1]) nach R. WEAST und M. J. ASTLE (1978/1979)

Tabelle 8

Spezifische Volumina des gesättigten Wasserdampfes in bezug auf Eis und des Eises

t_{68} °C	v_{vi} cm³/g	v_i[1] cm³/g	$\frac{v_{vi}}{v_{vi} - v_i}$	$\frac{v_{vi} - v_i}{v_{vi}}$
0,01	206049,1129	1,0905	1,000005292	0,999994708
0	206226,3818	1,0905	1,000005288	0,999994712
− 10	467709,0985	1,0887	1,000002328	0,999997672
− 20	1133636,908	1,0870	1,000000959	0,999999041
− 30	2960678,258	1,0858	1,000000367	0,999999633
− 40	8410457,089	1,0846	1,000000129	0,999999871
− 50	26277189,29	1,0834	1,000000041	0,999999959
− 60	91484225,80	1,0823	1,000000012	0,999999988
− 70	360551407,5	1,0811	1,000000003	0,999999997
− 80	1639012061	1,0799	1,000000001	0,999999999
− 90	8792846087	1,0787	1,000000000	1,000000000
−100	57255991980	1,0776	1,000000000	1,000000000

[1]) nach F. BAUR (1970)

Tabelle 9
Werte des Kompressionsfaktors Z von verschiedenen Autoren

t_{68} °C	Z A. Wexler (1976)	Z[1]) R. J. List (1951)	Z F. Schnaidt (1939)	Z H. Ebert (1932)	Z^*
100	0,97744	(0,9844)	0,9843	0,9847	0,98456
90	0,98240	(0,9878)	0,9879	0,9875	0,98800
80	0,98652	(0,9906)	0,9904	0,9907	0,99080
70	0,98989	(0,9929)	0,9930	0,9935	0,99305
60	0,99263	0,9948	0,9948	0.9956	0,99483
50	0,99482	0,9962	0,9964	0,9966	0,99620
40	0,99655	0,9973	0,9973	0,9973	0,99725
30	0,99790	0,9982	0,9980	0,9980	0,99806
20	0,99891	0,9988	0,9989	0,9986	0,99868
10	0,99962	0,9992	0,9991	0,9992	0,99921
0	1,00000	0,9995	0,9996	0,9996	0,999695
−10		0,9997			0,9998
−20		0,9998			0,9999
−30		0,9999			0,9999
−40		1,0000			1,0000

[1]) Werte in Klammer wurden zur Ergänzung vom Verfasser über Virialkoeffizienten berechnet.

Tabelle 10
Thermodynamische Größen α_v, β_v und γ_v in bezug auf Wasser und Verdampfungswärme l_v

t_{68} °C	α_v J/g	β_v J/g	γ_v J/g	l_v J/g	l_v^* [1]) J/g
100	417,691	1,408	2258,116	2256,708	
90	375,973	1,002	2283,787	2282,785	
80	334,247	0,697	2308,966	2308,269	
70	292,533	0,473	2333,720	2333,247	
60	250,744	0,313	2358,118	2357,805	2358,0
50	208,826	0,200	2382,227	2382,027	2382,3
40	167,013	0,124	2406,117	2405,993	2406,2
30	125,279	0,074	2429,854	2429,780	2430,0
20	83,593	0,043	2453,508	2453,465	2453,5
10	41,899	0,023	2477,147	2477,124	2477,4
0,01	0,030	0,012	2500,816	2500,804	2500,84
0	− 0,012	0,012	2500,839	2500,827	2524,7
− 10	− 42,711	0,006	2523,636	2523,630	2549,4
− 20	− 87,088	0,003	2546,258	2546,255	2574,9
− 30	−135,653	0,001	2568,672	2568,671	2603,0
− 40	−190,918	0,000	2591,007	2591,007	2634,8
− 50			2612,739	2612,739	
− 60			2634,045	2634,045	
− 70			2654,816	2654,816	
− 80			2674,975	2674,975	
− 90			2694,417	2694,417	
−100			2713,052	2713,052	

[1]) nach WMO (1966)

Tabelle 11

Thermodynamische Größen α_s, β_s und γ_s in bezug auf Eis und Sublimationswärme l_s

t_{68} °C	α_s J/g	β_s J/g	γ_s J/g	l_s J/g	l_s^* [1]) J/g
0,01			2837,893	2837,878	—
0	— 0,0015	$1,50 \cdot 10^{-2}$	2837,898	2837,883	2834,464
— 10	— 20,217	$6,61 \cdot 10^{-3}$	2839,834	2839,827	2836,557
— 20	— 39,183	$2,72 \cdot 10^{-3}$	2841,104	2841,101	2838,232
— 30	— 56,521	$1,04 \cdot 10^{-3}$	2841,408	2841,407	2838,650
— 40	— 72,52	$3,66 \cdot 10^{-4}$	2841,271	2841,271	2838,650
— 50	— 86,90	$1,17 \cdot 10^{-4}$	2840,092	2840,092	2838,232
— 60	— 99,72	$3,36 \cdot 10^{-5}$	2838,124	2838,124	2836,557
— 70	—111,37	$8,50 \cdot 10^{-6}$	2835,319	2835,319	2834,464
— 80	—121,60	$1,87 \cdot 10^{-6}$	2831,651	2831,651	2831,533
— 90	—130,41	$3,47 \cdot 10^{-7}$	2827,077	2827,077	2827,765
—100	—138,20	$5,31 \cdot 10^{-8}$	2821,567	2821,567	2823,578

[1]) nach WMO (1966)

Tabelle 12

Spezifische Wärmekapazitäten und spezifische Enthalpien des gesättigten Wasserdampfes in bezug auf Wasser und des Wassers

t_{68} °C	c_{pv}[1]) J g^{-1} K^{-1}	c_w[2]) J g^{-1} K^{-1}	h_{vw} J g^{-1}	h_w J g^{-1}
100	1,8897	4,1910	2675,807	419,099
90	1,8857	4,1886	2659,760	376,975
80	1,8818	4,1868	2643,213	334,944
70	1,8781	4,1858	2626,253	293,006
60	1,8748	4,1843	2608,862	251,057
50	1,8715	4,1805	2591,053	209,026
40	1,8686	4,1784	2573,130	167,137
30	1,8656	4,1784	2555,133	125,353
20	1,8631	4,1818	2537,101	83,636
10	1,8610	4,1922	2519,046	41,922
0,01	1,8589	4,2138	2500,846	0,042138
0	1,8589	4,2178	2500,827	0
— 10	1,8573	4,2705	2480,925	— 42,705
— 20	1,8556	4,3543	2459,170	— 87,085
— 30	1,8543	4,5217	2433,019	—135,652
— 40	1,8531	4,7730	2400,089	—190,918
— 50	1,8522			
— 60	1,8518			
— 70	1,8510			
— 80	1,8506			
— 90	1,8502			
—100	1,8498			

[1]) nach R. J. List (1951) bei $p = 0$, 70 bis 100 °C nach Y. S. Touloukian and T. Makita (1970)

[2]) nach J. A. Goff und S. Gratch (1946), R. J. List (1951) und WMO (1951)

Tabelle 13

Spezifische Wärmekapazität des Eises und spezifische Enthalpien des gesättigten Wasserdampfes in bezug auf Eis und des Eises

t_{68} °C	c_i[1]) J g^{-1} K^{-1}	h_{vi} J g^{-1}	h_i J g^{-1}
0	2,1060	2837,883	0
— 10	2,0306	2819,617	— 20,306
— 20	1,9594	2801,921	— 39,188
— 30	1,8841	2784,889	— 56,523
— 40	1,8129	2768,751	— 72,516
— 50	1,7375	2753,192	— 86,875
— 60	1,6622	2738,404	— 99,732
— 70	1,5910	2723,949	—111,370
— 80	1,5198	2710,051	—121,584
— 90	1,4486	2696,667	—130,374
—100	1,3816	2683,367	—138,160

[1]) nach WMO (1966)

Tabelle 14

Spezifische Wärmekapazität bei konstantem Druck c_{pa}, spezifische Enthalpie h_a, Dichte ϱ_a, Wärmeleitfähigkeit λ_a und Temperaturleitfähigkeit a der trockenen Luft sowie Diffusionskoeffizient von Wasserdampf in Luft D und Verhältnis a/D

t_{68} °C	c_{pa}[1])[2]) $\mathrm{J\,g^{-1}\,K^{-1}}$	h_a[1]) $\mathrm{J\,g^{-1}}$	ϱ_a[1]) $\mathrm{g\,m^{-3}}$	λ_a[3])[4]) $\mathrm{J\,m^{-1}\,s^{-1}\,K^{-1}}$	a $\mathrm{m^2\,s^{-1}}$	D[4]) $\mathrm{m^2\,s^{-1}}$	$\frac{a}{D}$
60	1,00776	60,466	1060	$2{,}8638 \cdot 10^{-2}$	$2{,}681 \cdot 10^{-5}$	$3{,}11 \cdot 10^{-5}$	0,862
50	1,00734	50,367	1092	$2{,}7884 \cdot 10^{-2}$	$2{,}535 \cdot 10^{-5}$	$2{,}95 \cdot 10^{-5}$	0,859
40	1,00693	40,277	1127	$2{,}7130 \cdot 10^{-2}$	$2{,}391 \cdot 10^{-5}$	$2{,}80 \cdot 10^{-5}$	0,854
30	1,00651	30,195	1164	$2{,}6335 \cdot 10^{-2}$	$2{,}248 \cdot 10^{-5}$	$2{,}65 \cdot 10^{-5}$	0,848
20	1,00609	20,122	1204	$2{,}5539 \cdot 10^{-2}$	$2{,}108 \cdot 10^{-5}$	$2{,}50 \cdot 10^{-5}$	0,843
10	1,00609	10,061	1247	$2{,}4786 \cdot 10^{-2}$	$1{,}976 \cdot 10^{-5}$	$2{,}36 \cdot 10^{-5}$	0,837
0	1,00567	0,000	1292	$2{,}3990 \cdot 10^{-2}$	$1{,}846 \cdot 10^{-5}$	$2{,}22 \cdot 10^{-5}$	0,832
− 10	1,00567	− 10,057	1341	$2{,}3195 \cdot 10^{-2}$	$1{,}720 \cdot 10^{-5}$	$2{,}08 \cdot 10^{-5}$	0,827
− 20	1,00567	− 20,113	1394	$2{,}2358 \cdot 10^{-2}$	$1{,}595 \cdot 10^{-5}$	$1{,}95 \cdot 10^{-5}$	0,818
− 30	1,00567	− 30,170	1452	$2{,}1562 \cdot 10^{-2}$	$1{,}447 \cdot 10^{-5}$	$1{,}82 \cdot 10^{-5}$	0,811
− 40	1,00567	− 40,227	1514	$2{,}07 \cdot 10^{-2}$	$1{,}360 \cdot 10^{-5}$	$1{,}69 \cdot 10^{-5}$	0,804
− 50	1,00609	− 50,305	1582	$1{,}99 \cdot 10^{-2}$	$1{,}250 \cdot 10^{-5}$	$1{,}57 \cdot 10^{-5}$	0,796
− 60	1,00693	− 60,416	1656	$1{,}90 \cdot 10^{-2}$	$1{,}139 \cdot 10^{-5}$	$1{,}45 \cdot 10^{-5}$	0,786
− 70	1,00734	− 70,514	1738	$1{,}82 \cdot 10^{-2}$	$1{,}040 \cdot 10^{-5}$	$1{,}34 \cdot 10^{-5}$	0,776
− 80	1,00776	− 80,621	1827	$1{,}75 \cdot 10^{-2}$	$9{,}505 \cdot 10^{-6}$	$1{,}22 \cdot 10^{-5}$	0,779
− 90	1,00902	− 90,812	1927				
−100	1,01069	−101,069	2039				

[1]) bei 1013, 25 hPa

[2]) nach R. J. List (1951)

[3]) nach E. A. Mason und L. Monchick (1965)

[4]) experimentelle Werte

Tabelle 15

Sättigungsdampfdrücke über Wasser e_w in reiner Phase über einer ebenen Fläche nach Formel (3.17) mit den absoluten und relativen Standardabweichungen s und s_{rel} sowie Differentialquotienten de_w/dT

t_{68} °C	e_w Pa	$\pm s$ Pa	$\pm \frac{s}{e_w} \cdot 100$ %	$\frac{de_w}{dT}$ Pa/K
100	101 325,00	1,59	0,0016	3615,90
90	70 119,04	1,10	0,0016	2662,79
80	47 374,85	0,60	0,0013	1917,93
70	31 177,31	0,30	0,0010	1348,09
60	19 933,09	0,30	0,0015	922,33
50	12 344,78	0,30	0,0024	612,47
40	7 381,27	0,25	0,0034	393,47
30	4 245,20	0,20	0,0047	243,66
20	2 338,54	0,10	0,0043	144,84
10	1 227,94	0,05	0,0041	82,26
0,01	611,657	0,004	0,0007	44,428
0	611,213	0,004	0,0007	44,400
− 10	286,57	0,29	0,10	22,631
− 20	125,63	0,19	0,15	10,816
− 30	51,060	0,092	0,18	4,8069
− 40	19,048	0,044	0,23	1,9671
− 50	6,4454	0,018	0,28	$7{,}3270 \cdot 10^{-1}$
− 60	1,9509			$2{,}4506 \cdot 10^{-1}$
− 70	$5{,}1948 \cdot 10^{-1}$			$7{,}2401 \cdot 10^{-2}$
− 80	$1{,}1925 \cdot 10^{-1}$			$1{,}8526 \cdot 10^{-2}$
− 90	$2{,}3031 \cdot 10^{-2}$			$4{,}0082 \cdot 10^{-3}$
−100	$3{,}6309 \cdot 10^{-3}$			$7{,}1188 \cdot 10^{-4}$

Tabelle 16

Sättigungsdampfdrücke über Eis e_i in reiner Phase über einer ebenen Fläche nach Formel (3.18) mit den absoluten und relativen Standardabweichungen s und s_{rel} sowie Differentialquotienten de_i/dT und Verhältnisse e_w/e

t_{68}	e_i	$\pm s$	$\pm \frac{s}{e_i} \cdot 100$	$\frac{de_i}{dT}$	$\frac{e_w}{e_i}$
°C	Pa	Pa	%	Pa/K	
0,01	$6,11657 \cdot 10^2$	$0,00004 \cdot 10^2$	0,0007	$5,0421 \cdot 10^1$	1,0000
0	$6,11153 \cdot 10^2$	$0,00004 \cdot 10^2$	0,0007	$5,0384 \cdot 10^1$	1,0001
−10	$2,5966 \cdot 10^2$	$0,0010 \cdot 10^2$	0,10	$2,3077 \cdot 10^1$	1,1036
−20	$1,0306 \cdot 10^2$	$0,0015 \cdot 10^2$	0,15	9,9010	1,2190
−30	$3,7903 \cdot 10^1$	$0,0070 \cdot 10^1$	0,18	3,9475	1,3471
−40	$1,2794 \cdot 10^1$	$0,0030 \cdot 10^1$	0,23	1,4490	1,4888
−50	3,9193	0,0110	0,28	$4,8436 \cdot 10^{-1}$	1,6445
−60	1,0753	0,0030	0,32	$1,4554 \cdot 10^{-1}$	1,8144
−70	$2,6004 \cdot 10^{-1}$	$0,0095 \cdot 10^{-1}$	0,36	$3,8710 \cdot 10^{-2}$	1,9977
−80	$5,4388 \cdot 10^{-2}$	$0,0220 \cdot 10^{-2}$	0,40	$8,9450 \cdot 10^{-3}$	2,1926
−90	$9,6132 \cdot 10^{-3}$	$0,0450 \cdot 10^{-3}$	0,47	$1,7556 \cdot 10^{-3}$	2,3958
−100	$1,3957 \cdot 10^{-3}$	$0,0070 \cdot 10^{-3}$	0,50	$2,8462 \cdot 10^{-4}$	2,6015

Tabelle 17

Zahlenwerte der Konstanten für die Gleichungen (4.11) und (4.12) mit e_w und e_i in hPa[1])

Temperaturbereich T_{68} = 173,15 bis 373,15 K bzw. t_{68} = −100 bis 100 °C

	Konstanten berechnet nur mit a_{v0} bis a_{v3} $Z = 1$	Konstanten berechnet mit a_{v0} bis a_{v3} und b_0 bis b_3 $Z = Z(T_{68})$	Konstanten berechnet aus den e_w-Normwerten
A_w	$-7,421312454 \cdot 10^3$ K	$-6,046017374 \cdot 10^3$ K	$-6,0944642 \cdot 10^3$ K
B_w	$8,772440596 \cdot 10^1$	$1,444712404 \cdot 10^1$	$1,651982501 \cdot 10^1$
C_w	$2,142270627 \cdot 10^{-2}$ K^{-1}	$-2,816857292 \cdot 10^{-2}$ K^{-1}	$-2,7245552 \cdot 10^{-2}$ K^{-1}
D_w	$-1,227682441 \cdot 10^{-5}$ K^{-2}	$1,720703111 \cdot 10^{-5}$ K^{-2}	$1,6853396 \cdot 10^{-5}$ K^{-2}
E_w	$-1,135118569 \cdot 10^1$	2,835637560	2,4575506

Temperaturbereich T_{68} = 173,15 bis 273,16 K bzw. t_{68} = −100 bis 0,01 °C

	Konstanten berechnet mit a_{s0} bis a_{s3} $Z = 1$		Konstanten berechnet aus den e_i-Normwerten
A_i	$-5,510472894 \cdot 10^3$ K		$-5,5044088 \cdot 10^3$ K
B_i	−7,625548955		−8,175632986
C_i	$-1,656207748 \cdot 10^{-2}$ K^{-1}	—	$-1,7337458 \cdot 10^{-2}$ K^{-1}
D_i	$5,718679581 \cdot 10^{-6}$ K^{-2}		$6,5204209 \cdot 10^{-6}$ K^{-2}
E_i	6,008315999		6,1295027

[1]) Wenn e_w und e_i in Pa erhalten werden sollen, ist jeweils zu B_w und B_i der Wert von ln 100 = 4,605170186 zu addieren.

Tabelle 18

Sättigungsdampfdruckwerte e_w nach der Formel $\ln e_w = \frac{A_w}{T_{68}} + B_w + C_w \cdot T_{68} + D_w \cdot T_{68}^2 + E_w \cdot \ln T_{68}$ mit den Zahlenwerten der Konstanten nach Tab. 17 und prozentuale Abweichungen von den Normwerten e_{wn}

t_{68}	Normwert e_{wn}	γ_v kubisch, $Z = Z(T_{68})$		γ_v kubisch, $Z = 1$		$\Delta Z/Z$	mit Konstanten berechnet aus den e_{wn}-Werten	
		e_w	$\Delta e_w/e_{wn}$	e_w	$\Delta e_w/e_{wn}$		e_w	$\Delta e_w/e_{wn}$
°C	hPa	hPa	%	hPa	%	%	hPa	%
100	1013,2500	1014,2332	0,097	991,3566	−2,161	0,000	wie Norm-	0
90	701,1904	701,8223	0,090	689,4751	−1,671	0,000	werte	
80	473,7485	474,1363	0,082	467,7465	−1,267	0,000	in Spalte 2	
70	311,7731	311,9987	0,072	308,8467	−0,939	0,000		
60	199,3309	199,4541	0,062	197,9843	−0,676	0,000		
50	123,4478	123,5101	0,050	122,8703	−0,468	0,000		
40	73,8127	73,8413	0,039	73,5867	−0,306	0,000		
30	42,4520	42,4635	0,027	42,3743	−0,183	0,000		
20	23,3854	23,3892	0,016	23,3638	−0,092	0,000		
10	12,2794	12,2802	0,007	12,2756	−0,031	0,000		
0,01	6,11657	6,11657	0,00003	6,11657	0,00001	0,000		
0	6,11213	6,11213	0,000	6,11215	0,0004	0,000		
−10	2,8657	2,8656	−0,003	2,8656	−0,002	0,000		
−20	1,2563	1,2563	0,002	1,2557	−0,049	−0,051		
−30	0,51060	0,51066	0,012	0,50977	−0,162	−0,174		
−40	0,19048	0,19054	0,030	0,18977	−0,372	−0,402		
−50	0,064454	0,064498	0,068	0,063995	−0,712	−0,780		
−60	$1{,}9509 \cdot 10^{-2}$	$1{,}9533 \cdot 10^{-2}$	0,123	$1{,}9265 \cdot 10^{-2}$	−1,251	−1,371		
−70	$5{,}1948 \cdot 10^{-3}$	$5{,}2051 \cdot 10^{-3}$	0,189	$5{,}0873 \cdot 10^{-3}$	−2,069	−2,263		
−80	$1{,}1925 \cdot 10^{-3}$	$1{,}1962 \cdot 10^{-3}$	0,310	$1{,}1535 \cdot 10^{-3}$	−3,270	−3,369		
−90	$2{,}3031 \cdot 10^{-4}$	$2{,}3137 \cdot 10^{-4}$	0,460	$2{,}1879 \cdot 10^{-4}$	−5,002	−5,435		
−100	$3{,}6309 \cdot 10^{-5}$	$3{,}6549 \cdot 10^{-5}$	0,661	$3{,}3609 \cdot 10^{-5}$	−7,436	−8,045		

Tabelle 19

Sättigungsdampfdruckwerte e_i nach der Formel $\ln e_i = \frac{A_i}{T_{68}} + B_i + C_i \cdot T_{68} + D_i \cdot T_{68}^2 + E_i \cdot \ln T_{68}$ mit den Zahlenwerten der Konstanten von Tab. 17 und prozentuale Abweichungen von den Normwerten e_{in}

t_{68}	Normwert e_{in}	γ_s kubisch, $Z = 1$		mit Konstanten berechnet aus den e_{in}-Werten	
		e_i	$\Delta e_i/e_{in}$	e_i	$\Delta e_i/e_{in}$
°C	hPa	hPa	%	hPa	%
0,01	6,11657	6,11657	0,000	wie Normwerte	0
0	6,11153	6,11153	0,000	in Spalte 2	
−10	2,5966	2,5971	0,021		
−20	1,0306	1,0310	0,040		
−30	$3{,}7903 \cdot 10^{-1}$	$3{,}7923 \cdot 10^{-1}$	0,052		
−40	$1{,}2794 \cdot 10^{-1}$	$1{,}2802 \cdot 10^{-1}$	0,060		
−50	$3{,}9193 \cdot 10^{-2}$	$3{,}9219 \cdot 10^{-2}$	0,065		
−60	$1{,}0753 \cdot 10^{-2}$	$1{,}0760 \cdot 10^{-2}$	0,064		
−70	$1{,}6004 \cdot 10^{-3}$	$2{,}6022 \cdot 10^{-3}$	0,068		
−80	$5{,}4388 \cdot 10^{-4}$	$5{,}4425 \cdot 10^{-4}$	0,069		
−90	$9{,}6132 \cdot 10^{-5}$	$9{,}6197 \cdot 10^{-5}$	0,067		
−100	$1{,}3957 \cdot 10^{-5}$	$1{,}3966 \cdot 10^{-5}$	0,067		

Tabelle 20

Zahlenwerte der Konstanten für die Gleichungen (4.44) und (4.45) mit e_w und e_i in hPa[1])

Temperaturbereich T_{68} = 173,15 bis 373,15 K bzw. t_{68} = −100 bis 100 °C

	Konstanten berechnet nur mit a_{v0} bis a_{v2} $Z = 1$	Konstanten berechnet mit a_{v0} bis a_{v2} und b_0 bis b_2 $Z = Z(T_{68})'$	Konstanten berechnet aus den e_w-Normwerten
A_w	$-6{,}607282857 \cdot 10^3$ K	$-7{,}004380647 \cdot 10^3$ K	$-6{,}943658762 \cdot 10^3$ K
B_w	$4{,}734683148 \cdot 10^1$	$6{,}407801129 \cdot 10^1$	$6{,}204426410 \cdot 10^1$
C_w	$-2{,}433263997 \cdot 10^{-3}$ K^{-1}	$3{,}258962300 \cdot 10^{-3}$ K^{-1}	$2{,}759892975 \cdot 10^{-3}$ K^{-1}
D_w	$-3{,}686741853$	$-6{,}687129774$	$-6{,}339935783$

Temperaturbereich T_{68} = 173,15 bis 273,16 K bzw. t_{68} = −100 bis 0,01 °C

	Konstanten berechnet mit a_{s0} bis a_{s2} $Z = 1$	Konstanten berechnet aus den e_i-Normwerten
A_i	$-5{,}627719340 \cdot 10^3$ K	$-5{,}644554147 \cdot 10^3$ K
B_i	$4{,}004233850 \cdot 10^{-1}$	$1{,}238551700$
C_i	$-8{,}978592477 \cdot 10^{-3}$ K^{-1}	$-8{,}617445803 \cdot 10^{-3}$ K^{-1}
D_i	$4{,}360998310$	$4{,}205001851$

[1]) Wenn e_w und e_i in Pa erhalten werden sollen, so ist jeweils zu B_w und B_i der Wert von ln 100 = 4,605170186 zu addieren.

Tabelle 21

Sättigungsdampfdruckwerte e_w nach der Formel $\ln e_w = \frac{A_w}{T_{68}} + B_w + C_w \cdot T_{68} + D_w \cdot \ln T_{68}$ mit den Zahlenwerten der Konstanten nach Tab. 20 und prozentuale Abweichungen von den Normwerten e_{wn}

t_{68}	Normwert	γ_v quadratisch, $Z = Z(T_{68})$		γ_v quadratisch, $Z = 1$		$\frac{\Delta Z}{Z}$	mit Konstanten, berechnet aus den e_{wn}-Werten	
°C	e_{wn} hPa	e_w hPa	$\Delta e_w/e_{wn}$ %	e_w hPa	$\Delta e_w/e_{wn}$ %	%	e_w hPa	$\Delta e_w/e_{wn}$ %
100	1013,2500	1014,4372	0,117	991,5523	−2,141	0,000	1013,2500	0,000
90	701,1904	702,2292	0,148	689,6363	−1,648	−0,034	701,4356	0,035
80	473,7485	474,4848	0,155	467,8932	−1,236	−0,042	473,9632	0,045
70	311,7731	312,2272	0,146	308,9704	−0,899	−0,033	311,8927	0,038
60	199,3309	199,5800	0,125	198,0760	−0,630	−0,016	199,3730	0,021
50	123,4478	123,5698	0,099	122,9293	−0,420	0,000	123,4478	0,000
40	73,8127	73,8659	0,072	73,6190	−0,262	0,011	73,7987	−0,019
30	42,4520	42,4724	0,048	42,3887	−0,149	0,013	42,4388	−0,031
20	23,3854	23,3921	0,029	23,3685	−0,072	0,008	23,3777	−0,033
10	12,2794	12,2810	0,013	12,2763	−0,025	0,000	12,2766	−0,022
0,01	6,11657	6,11657	0,00004	6,11657	0,00004	0,000	6,11657	0,000
0	6,11213	6,11213	0,000	6,11213	0,000	0,000	6,11213	0,000
−10	2,8657	2,8652	−0,018	2,8659	0,008	0,026	2,8666	0,031
−20	1,2563	1,2557	−0,050	1,2564	0,005	0,055	1,2571	0,064
−30	0,51060	0,5100	−0,117	0,51054	−0,011	0,106	0,51103	0,083
−40	0,19048	0,1900	−0,243	0,19040	−0,041	0,203	0,19061	0,069
−50	0,064454	0,064160	−0,456	0,064401	−0,083	0,375	0,064454	0,000
−60	$1{,}9509 \cdot 10^{-2}$	$1{,}9352 \cdot 10^{-2}$	−0,805	$1{,}9480 \cdot 10^{-2}$	−0,149	0,661	$1{,}9476 \cdot 10^{-2}$	−0,169
−70	$5{,}1948 \cdot 10^{-3}$	$5{,}1240 \cdot 10^{-3}$	−1,363	$5{,}1808 \cdot 10^{-3}$	−0,270	1,110	$5{,}1689 \cdot 10^{-3}$	−0,499
−80	$1{,}1925 \cdot 10^{-3}$	$1{,}1663 \cdot 10^{-3}$	−2,197	$1{,}1871 \cdot 10^{-3}$	−0,453	1,787	$1{,}1800 \cdot 10^{-3}$	−1,048
−90	$2{,}3031 \cdot 10^{-4}$	$2{,}2240 \cdot 10^{-4}$	−3,435	$2{,}2857 \cdot 10^{-4}$	−0,756	2,776	$2{,}2584 \cdot 10^{-4}$	−1,941
−100	$3{,}6309 \cdot 10^{-5}$	$3{,}4419 \cdot 10^{-5}$	−5,205	$3{,}5862 \cdot 10^{-5}$	−1,231	4,191	$3{,}5115 \cdot 10^{-5}$	−3,288

Tabelle 22

Sättigungsdampfdruckwerte e_i nach der Formel $\ln e_i = \frac{A_i}{T_{68}} + B_i + C_i \cdot T_{68} + D_i \cdot \ln T_{68}$ mit den Zahlenwerten der Konstanten nach Tab. 20 und prozentuale Abweichungen von den Normwerten e_{in}

t_{68}	Normwert	γ_s quadratisch, $Z = 1$		mit Konstanten berechnet aus den e_{in}-Werten	
°C	e_{in} hPa	e_i hPa	$\Delta e_i/e_{in}$ %	e_i hPa	$\Delta e_i/e_{in}$ %
0,01	6,11657	6,11657	0,000	6,11657	0,000
0	6,11153	6,11153	0,000	6,11153	0,000
−10	2,5966	2,5970	0,017	2,5967	0,003
−20	1.0306	1,0309	0,027	1,0306	0,004
−30	$3{,}7903 \cdot 10^{-1}$	$3{,}7914 \cdot 10^{-1}$	0,029	$3{,}7903 \cdot 10^{-1}$	0,000
−40	$1{,}2794 \cdot 10^{-1}$	$1{,}2798 \cdot 10^{-1}$	0,027	$1{,}2793 \cdot 10^{-1}$	−0,005
−50	$3{,}9193 \cdot 10^{-2}$	$3{,}9203 \cdot 10^{-2}$	0,026	$3{,}9190 \cdot 10^{-2}$	−0,007
−60	$1{,}0753 \cdot 10^{-2}$	$1{,}0756 \cdot 10^{-2}$	0,024	$1{,}0752 \cdot 10^{-2}$	−0,009
−70	$2{,}6004 \cdot 10^{-3}$	$2{,}6013 \cdot 10^{-3}$	0,033	$2{,}6004 \cdot 10^{-3}$	0,000
−80	$5{,}4388 \cdot 10^{-4}$	$5{,}4412 \cdot 10^{-4}$	0,044	$5{,}4392 \cdot 10^{-4}$	0,008
−90	$9{,}6132 \cdot 10^{-5}$	$9{,}6184 \cdot 10^{-5}$	0,054	$9{,}6142 \cdot 10^{-5}$	0,010
−100	$1{,}3957 \cdot 10^{-5}$	$1{,}3965 \cdot 10^{-5}$	0,060	$1{,}3957 \cdot 10^{-5}$	0,000

Tabelle 23

Zahlenwerte der Konstanten für die Gleichungen (4.73) und (4.74) mit e_w und e_i in hPa[1])

Temperaturbereich T_{68} = 173,15 bis 373,15 K bzw. t_{68} = −100 bis 100 °C			
	Konstanten berechnet nur mit a_{v0} und a_{v1} $Z = 1$	Konstanten berechnet mit a_{v0} und a_{v1} und b_0 und b_1 $Z = Z(T_{68})$	Konstanten berechnet aus den e_w-Normwerten
A_w	$-6{,}822566303 \cdot 10^3$ K	$-6{,}634777295 \cdot 10^3$ K	$-6{,}660074632 \cdot 10^3$ K
B_w	$5{,}562055858 \cdot 10^1$	$5{,}120949284 \cdot 10^1$	$5{,}179338255 \cdot 10^1$
C_w	−5,139538915	−4,475803147	−4,563374357

Temperaturbereich T_{68} = 173,15 bis 273,16 K bzw. t_{68} = −100 bis 0,01 °C			
	Konstanten berechnet mit a_{s0} und a_{s1} $Z = 1$		Konstanten berechnet aus den e_i-Normwerten
A_i	$-6{,}161157859 \cdot 10^3$ K		$-6{,}059739886 \cdot 10^3$ K
B_i	$2{,}461531598 \cdot 10^1$	—	$2{,}181276044 \cdot 10^1$
C_i	$-4{,}441844340 \cdot 10^{-2}$		$3{,}889605217 \cdot 10^{-1}$

[1]) Wenn e_w und e_i in Pa erhalten werden sollen, so ist jeweils zu B_w und B_i der Wert von ln 100 = 4,605170186 zu addieren.

Tabelle 24

Sättigungsdampfdruckwerte e_w nach der Formel $\ln e_w = \frac{A_w}{T_{68}} + B_w + C_w \cdot \ln T_{68}$ mit den Zahlenwerten der Konstanten nach Tab. 23 und prozentuale Abweichungen von den Normwerten e_{wn}

t_{68}	Normwert	γ_v linear, $Z = Z(T_{68})$		γ_v linear, $Z = 1$		$\frac{\Delta Z}{Z}$	mit Konstanten, berechnet aus den e_{wn}-Werten	
	e_{wn}	e_w	$\Delta e_w/e_{wn}$	e_w	$\Delta e_w/e_{wn}$			
°C	hPa	hPa	%	hPa	%	%	hPa	%
100	1013,2500	1015,7856	0,250	992,8699	−2,011	0,000	1013,2500	0,000
90	701,1904	703,0185	0,261	690,0315	−1,591	−0,089	701,6228	0,062
80	473,7485	474,8578	0,234	467,9026	−1,234	−0,118	474,1391	0,083
70	311,7731	312,3377	0,181	308,8636	−0,933	−0,103	311,9985	0,072
60	199,3309	199,5549	0,112	197,9684	−0,684	−0,058	199,4134	0,041
50	123,4478	123,4960	0,039	122,8559	−0,480	0,000	123,4478	0,000
40	73,8127	73,7924	−0,027	73,5795	−0,316	0,057	73,7823	−0,041
30	42,4520	42,4198	−0,076	42,3718	−0,189	0,098	42,4214	−0,072
20	23,3854	23,3632	−0,095	23,3633	−0,095	0,109	23,3663	−0,082
10	12,2794	12,2704	−0,073	12,2755	−0,032	0,080	12,2719	−0,061
0,01	6,11657	6,11657	−0,00008	6,11657	0,00001	0,000	6,11657	0,000
0	6,11213	6,11213	0,000	6,11213	0,000	0,000	6,11213	0,000
− 10	2,8657	2,8696	0,135	2,8657	−0,002	−0,137	2,8689	0,110
− 20	1,2563	1,2606	0,344	1,2558	−0,042	−0,384	1,2598	0,278
− 30	0,51060	0,51381	0,629	0,50992	−0,133	−0,757	0,51318	0,505
− 40	0,19048	0,19238	0,998	0,18992	−0,292	−1,277	0,19199	0,793
− 50	0,064454	0,065394	1,459	0,064109	−0,535	−1,966	0,065196	1,150
− 60	$1{,}9509 \cdot 10^{-2}$	$1{,}9900 \cdot 10^{-2}$	2,004	$1{,}933 \cdot 10^{-2}$	−0,918	−2,849	$1{,}9814 \cdot 10^{-2}$	1,563
− 70	$5{,}1948 \cdot 10^{-3}$	$5{,}3312 \cdot 10^{-3}$	2,626	$5{,}1203 \cdot 10^{-3}$	−1,434	−3,957	$5{,}2994 \cdot 10^{-3}$	2,014
− 80	$1{,}1925 \cdot 10^{-3}$	$1{,}2320 \cdot 10^{-3}$	3,312	$1{,}1664 \cdot 10^{-3}$	−2,189	−5,326	$1{,}2221 \cdot 10^{-3}$	2,482
− 90	$2{,}3031 \cdot 10^{-4}$	$2{,}3955 \cdot 10^{-4}$	4,012	$2{,}2279 \cdot 10^{-4}$	−3,265	−6,996	$2{,}3705 \cdot 10^{-4}$	2,926
−100	$3{,}6309 \cdot 10^{-5}$	$3{,}8013 \cdot 10^{-5}$	4,693	$3{,}4586 \cdot 10^{-5}$	−4,745	−9,015	$3{,}7500 \cdot 10^{-5}$	3,280

Tabelle 25

Sättigungsdampfdruckwerte e_i nach der Formel $\ln e_i = \frac{A_i}{T_{68}} + B_i + C_i \cdot \ln T_{68}$ mit den Zahlenwerten der Konstanten nach Tab. 23 und prozentuale Abweichungen von den Normwerten e_{in}

t_{68}	Normwert	γ_s linear, $Z = 1$		mit Konstanten, berechnet aus den e_{in}-Werten	
	e_{in}	e_i	$\Delta e_i/e_{in}$	e_i	$\Delta e_i/e_{in}$
°C	hPa	hPa	%	hPa	%
0,01	6,11657	6,11657	0,000	6,11658	0,000
0	6,11153	6,11153	0,000	6,11153	0,000
− 10	2,5966	2,5978	0,048	2,5925	−0,157
− 20	1,0306	1,0320	0,139	1,0283	−0,223
− 30	$3{,}7903 \cdot 10^{-1}$	$3{,}7999 \cdot 10^{-1}$	0,252	$3{,}7824 \cdot 10^{-1}$	−0,209
− 40	$1{,}2794 \cdot 10^{-1}$	$1{,}2840 \cdot 10^{-1}$	0,364	$1{,}2778 \cdot 10^{-1}$	−0,129
− 50	$3{,}9193 \cdot 10^{-2}$	$3{,}9367 \cdot 10^{-2}$	0,444	$3{,}9193 \cdot 10^{-2}$	0,000
− 60	$1{,}0753 \cdot 10^{-2}$	$1{,}0801 \cdot 10^{-2}$	0,446	$1{,}0769 \cdot 10^{-2}$	0,147
− 70	$2{,}6004 \cdot 10^{-3}$	$2{,}6089 \cdot 10^{-3}$	0,325	$2{,}6079 \cdot 10^{-3}$	0,287
− 80	$5{,}4388 \cdot 10^{-4}$	$5{,}4388 \cdot 10^{-4}$	0,000	$5{,}4584 \cdot 10^{-4}$	0,360
− 90	$9{,}6132 \cdot 10^{-5}$	$9{,}5530 \cdot 10^{-5}$	−0,627	$9{,}6415 \cdot 10^{-5}$	0,294
−100	$1{,}3957 \cdot 10^{-5}$	$1{,}3724 \cdot 10^{-5}$	−1,673	$1{,}3957 \cdot 10^{-5}$	0,000

Tabelle 26

Zahlenwerte der Konstanten für die Gleichungen (4.98) und (4.99) mit e_w und e_i in hPa[1])

Temperaturbereich T_{68} = 173,15 bis 313,15 K bzw. t_{68} = —100 bis 100 °C			
	Konstanten berechnet nur mit a_{v0} $Z = 1$	Konstanten berechnet mit a_{v0} und b_0 Z = konstant	Konstanten berechnet aus den e_w-Normwerten
A_w	$-5{,}418701248 \cdot 10^3$ K	$-5{,}423701248 \cdot 10^3$ K	$-5{,}372305884 \cdot 10^3$ K
B_w	$2{,}164809794 \cdot 10^1$	$2{,}166640290 \cdot 10^1$	$2{,}147824488 \cdot 10^1$

Temperaturbereich T_{68} = 173,15 bis 273,16 K bzw. t_{68} = —100 bis 0,01 °C			
	Konstanten berechnet mit a_{s0} $Z = 1$		Konstanten berechnet aus den e_i-Normwerten
A_i	$-6{,}149024961 \cdot 10^3$ K	—	$-6{,}147795166 \cdot 10^3$ K
B_i	$2{,}432170913 \cdot 10^1$		$2{,}431720686 \cdot 10^1$

[1]) Wenn e_w und e_i in Pa erhalten werden sollen, ist jeweils zu B_w und B_i der Wert von ln 100 = 4,605170186 zu addieren.

Tabelle 27

Sättigungsdampfdruckwerte e_w nach der Formel $\ln e_w = \frac{A_w}{T_{68}} + B_w$ mit den Zahlenwerten der Konstanten nach Tab. 26 und prozentuale Abweichungen von den Normwerten e_{wn}

t_{68}	Normwert	γ_v = konstant, Z = konstant		γ_v = konstant, Z = 1		$\frac{\Delta Z}{Z}$	mit Konstanten, berechnet aus den e_{wn}-Werten	
°C	e_{wn} hPa	e_w hPa	$\Delta e_w/e_{wn}$ %	e_w hPa	$\Delta e_w/e_{wn}$ %	%	e_w hPa	$\Delta e_w/e_{wn}$ %
100	1013,2500	1250,7442	23,439	1244,6237	22,835	1,807	1189,2401	17,369
90	701,1904	838,1933	19,539	834,3994	18,998	1,330	800,0044	14,092
80	473,7485	549,1306	15,912	546,8582	15,432	0,947	526,2163	11,075
70	311,7731	350,9960	12,581	349,6878	12,161	0,644	337,7791	8,341
60	199,3309	218,4037	9,568	217,6849	9,208	0,411	211,1266	5,918
50	123,4478	131,9671	6,901	131,5938	6,599	0,237	128,1805	3,834
40	73,8127	77,2143	4,608	77,0339	4,364	0,112	75,3806	2,124
30	42,4520	43,6087	2,725	43,5297	2,539	0,030	42,8042	0,830
20	23,3854	23,6875	1,292	23,6580	1,166	—0,016	23,3854	0,000
10	12,2794	12,3238	0,362	12,3159	0,297	—0,026	12,2422	—0,303
0,01	6,11657	6,11680	0,0038	6,11657	0,00001	0,000	6,11653	—0,001
0	6,11213	6,11213	0,000	6,11213	0,000	0,000	6,11213	0,000
— 10	2,8657	2,8740	0,291	2,8760	0,361	0,070	2,8947	1,011
— 20	1,2563	1,2732	1,347	1,2751	1,494	0,145	1,2923	2,865
— 30	0,51060	0,52751	3,312	0,52870	3,546	0,226	0,53990	5,738
— 40	0,19048	0,20264	6,386	0,20328	6,720	0,315	0,20929	9,876
— 50	0,064454	0,07145	10,852	0,07174	11,307	0,411	0,074525	15,625
— 60	$1{,}9509 \cdot 10^{-2}$	$2{,}2844 \cdot 10^{-2}$	17,095	$2{,}2962 \cdot 10^{-2}$	17,700	0,517	$2{,}4087 \cdot 10^{-2}$	23,466
— 70	$5{,}1948 \cdot 10^{-3}$	$6{,}5283 \cdot 10^{-3}$	25,670	$6{,}5696 \cdot 10^{-3}$	26,465	0,633	$6{,}9656 \cdot 10^{-3}$	34,088
— 80	$1{,}1925 \cdot 10^{-3}$	$1{,}6387 \cdot 10^{-3}$	37,417	$1{,}6512 \cdot 10^{-3}$	38,465	0,761	$1{,}7715 \cdot 10^{-3}$	48,553
— 90	$2{,}3031 \cdot 10^{-4}$	$3{,}5371 \cdot 10^{-4}$	53,580	$3{,}5691 \cdot 10^{-4}$	54,969	0,904	$3{,}8797 \cdot 10^{-4}$	68,456
—100	$3{,}6309 \cdot 10^{-5}$	$6{,}3956 \cdot 10^{-5}$	76,144	$6{,}4636 \cdot 10^{-5}$	78,016	1,063	$7{,}1298 \cdot 10^{-5}$	96,365

Tabelle 28

Sättigungsdampfdruckwerte e_i nach der Formel $\ln e_i = \frac{A_i}{T_{68}} + B_i$ mit den Zahlenwerten der Konstanten von Tab. 26 und prozentuale Abweichungen von den Normwerten e_{in}

t_{68}	Normwert	γ_s = konstant, $Z = 1$		mit Konstanten, berechnet aus den e_{in}-Werten	
	e_{in}	e_i	$\Delta e_i/e_{in}$	e_i	$\Delta e_i/e_{in}$
°C	hPa	hPa	%	hPa	%
0,01	6,11657	6,11657	0,000	6,11657	0,000
0	6,11153	6,11153	0,000	6,11153	0,000
− 10	2,5966	2,5979	0,051	2,5984	0,068
− 20	1,0306	1,0322	0,152	1,0325	0,188
− 30	$3{,}7903 \cdot 10^{-1}$	$3{,}8010 \cdot 10^{-1}$	0,283	$3{,}8032 \cdot 10^{-1}$	0,339
− 40	$1{,}2794 \cdot 10^{-1}$	$1{,}2848 \cdot 10^{-1}$	0,423	$1{,}2858 \cdot 10^{-1}$	0,500
− 50	$3{,}9193 \cdot 10^{-2}$	$3{,}9405 \cdot 10^{-2}$	0,541	$3{,}9445 \cdot 10^{-2}$	0,643
− 60	$1{,}0753 \cdot 10^{-2}$	$1{,}0817 \cdot 10^{-2}$	0,595	$1{,}0831 \cdot 10^{-2}$	0,723
− 70	$2{,}6004 \cdot 10^{-3}$	$2{,}6145 \cdot 10^{-3}$	0,542	$2{,}6185 \cdot 10^{-3}$	0,698
− 80	$5{,}4388 \cdot 10^{-4}$	$5{,}4551 \cdot 10^{-4}$	0,301	$5{,}4653 \cdot 10^{-4}$	0,488
− 90	$9{,}6132 \cdot 10^{-5}$	$9{,}5920 \cdot 10^{-5}$	−0,221	$9{,}6132 \cdot 10^{-5}$	0,000
−100	$1{,}3957 \cdot 10^{-5}$	$1{,}3798 \cdot 10^{-5}$	−1,114	$1{,}3834 \cdot 10^{-5}$	−0,883

Tabelle 29

Sättigungsdampfdruckwerte über Wasser berechnet nach der MAGNUS-Formel

t_{68}	Normwerte	I: a_w = 17,5043, b_w = 241,2 K		II: a_w = 17,5638, b_w = 241,8243 K	$Z = 1$	III: a_w = 17,2831, b_w = 238,259 K	$Z(T_{68})$
	e_{wn}	e_w	$\Delta e_w/e_{wn}$	e_w	$\Delta e_w/e_{wn}$	e_w	$\Delta e_w/e_{wn}$
°C	hPa	hPa	%	hPa	%	hPa	%
100	1013,2500	1033,2787	1,977	1041,2990	2,768	1012,0197	−0,121
90	701,1904	711,1466	1,420	716,0749	2,123	698,4388	−0,392
80	473,7485	478,1868	0,937	481,1002	1,552	470,9192	−0,597
70	311,7731	313,4431	0,536	315,0899	1,064	309,4982	−0,730
60	199,3309	199,7742	0,222	200,6568	0,665	197,7636	−0,786
50	123,4478	123,4482	0,000	123,8917	0,360	122,5008	−0,767
40	73,8127	73,7159	−0,131	73,9212	0,147	73,3130	−0,677
30	42,4520	42,3764	−0,178	42,4614	0,022	42,2280	−0,528
20	23,3854	23,3495	−0,154	23,3791	−0,027	23,3059	−0,340
10	12,2794	12,2693	−0,082	12,2766	−0,023	12,2613	−0,148
0	6,11213	6,11213	0,000	6,11213	0,000	6,11213	0,000
−10	2,8657	2,8667	0,035	2,8653	−0,013	2,8665	0,029
−20	1,2563	1,2556	−0,056	1,2546	−0,138	1,2543	−0,162
−30	$5{,}1060 \cdot 10^{-1}$	$5{,}0858 \cdot 10^{-1}$	−0,396	$5{,}0810 \cdot 10^{-1}$	−0,490	$5{,}0693 \cdot 10^{-1}$	−0,718
−40	$1{,}9048 \cdot 10^{-1}$	$1{,}8830 \cdot 10^{-1}$	−1,143	$1{,}1881 \cdot 10^{-1}$	−1,224	$1{,}8699 \cdot 10^{-1}$	−1,832
−50	$6{,}4454 \cdot 10^{-2}$	$6{,}2837 \cdot 10^{-2}$	−2,508	$6{,}2816 \cdot 10^{-2}$	−2,542	$6{,}2040 \cdot 10^{-2}$	−3,745

Tabelle 30

Sättigungsdampfdruckwerte über Eis berechnet nach der MAGNUS-Formel

t_{68}	Normwerte	I: a_i = 22,4433, b_i = 272,186 K		II: a_i = 22,53, b_i = 273,15 K, γ_s Mittelwert		III: a_i = 22,4893, b_i = 272,881 K, γ_s linear mit T_{68}	
°C	e_{in} hPa	e_i hPa	$\Delta e_i/e_{in}$ %	e_i hPa	$\Delta e_i/e_{in}$ %	e_i hPa	$\Delta e_i/e_{in}$ %
0	6,11153	6,11153	0,000	6,11153	0,000	6,11153	0,000
− 10	2,5966	2,5965	−0,003	2,5961	−0,019	2,5978	0,048
− 20	1,0306	1,0307	0,014	1,0307	0,006	1,0318	0,120
− 30	$3,7903 \cdot 10^{-1}$	$3,7912 \cdot 10^{-1}$	0,023	$3,7924 \cdot 10^{-1}$	0,055	$3,7998 \cdot 10^{-1}$	0,250
− 40	$1,2794 \cdot 10^{-1}$	$1,2793 \cdot 10^{-1}$	−0,006	$1,2807 \cdot 10^{-1}$	0,105	$1,2840 \cdot 10^{-1}$	0,358
− 50	$3,9193 \cdot 10^{-2}$	$3,9149 \cdot 10^{-2}$	−0,113	$3,9242 \cdot 10^{-2}$	0,126	$3,9362 \cdot 10^{-2}$	0,431
− 60	$1,0753 \cdot 10^{-2}$	$1,0715 \cdot 10^{-2}$	−0,356	$1,0761 \cdot 10^{-2}$	0,074	$1,0798 \cdot 10^{-2}$	0,420
− 70	$2,6004 \cdot 10^{-3}$	$2,5798 \cdot 10^{-3}$	−0,793	$2,5979 \cdot 10^{-3}$	−0,096	$2,6076 \cdot 10^{-3}$	0,279
− 80	$5,4388 \cdot 10^{-4}$	$5,3559 \cdot 10^{-4}$	−1,525	$5,4136 \cdot 10^{-4}$	−0,464	$5,4345 \cdot 10^{-4}$	−0,078
− 90	$9,6132 \cdot 10^{-5}$	$9,3568 \cdot 10^{-5}$	−2,668	$9,5053 \cdot 10^{-5}$	−1,122	$9,5410 \cdot 10^{-5}$	−0,751
−100	$1,3957 \cdot 10^{-5}$	$1,3348 \cdot 10^{-5}$	−4,365	$1,3652 \cdot 10^{-5}$	−2,189	$1,3696 \cdot 10^{-5}$	−1,866

Tabelle 31

Einzelfehler in % bei der Entwicklung der MAGNUS-Formel ohne Z-Funktion ($Z = 1$)

t_{68}	Fehler 1	2	3	4	2 + 3 + 4[1])	1 + 2 + 3 + 4	[2])	[3])
°C	$\frac{Z-1}{1} \cdot 100$ %	$\frac{e_{w2}-e_{w1}}{e_{wn}} \cdot 100$ %	$\frac{e_{w3}-e_{w2}}{e_{wn}} \cdot 100$ %	$\frac{e_{w4}-e_{w3}}{e_{wn}} \cdot 100$ %	$\frac{e_{wn}-e_{w1}}{e_{wn}} \cdot 100$ %	$\sum_1^4$ Fehler	$\frac{e_{w1}-e_{wn}}{e_{wn}} \cdot 100$ %	$\frac{e_{w4}-e_{wn}}{e_{wn}} \cdot 100$ %
100	−2,256	6,703	− 9,231	7,307	4,780	2,524	−2,011	2,768
90	−1,760	4,970	− 6,906	5,650	3,714	1,954	−1,591	2,123
80	−1,348	3,556	− 4,984	4,214	2,786	1,438	−1,234	1,552
70	−1,011	2,430	− 3,435	3,002	1,997	0,986	−0,933	1,064
60	−0,737	1,563	− 2,228	2,014	1,349	0,612	−0,684	0,665
50	−0,518	0,925	− 1,329	1,244	0,839	0,321	−0,480	0,360
40	−0,345	0,485	− 0,703	0,681	0,463	0,118	−0,316	0,147
30	−0,211	0,210	− 0,307	0,308	0,211	0,001	−0,189	0,022
20	−0,109	0,064	− 0,094	0,100	0,068	− 0,041	−0,095	− 0,027
10	−0,038	0,008	− 0,012	0,013	0,009	− 0,029	−0,032	− 0,023
0	0,000	0,000	0,000	0,000	0,000	0,000	0,000	0,000
− 10	0,000	− 0,009	0,013	− 0,015	− 0,011	− 0,011	−0,002	− 0,013
− 20	0,000	− 0,071	0,109	− 0,134	− 0,096	− 0,096	−0,042	− 0,138
− 30	0,000	− 0,247	0,382	− 0,492	− 0,357	− 0,357	−0,133	− 0,490
− 40	0,000	− 0,604	0,941	− 1,272	− 0,934	− 0,934	−0,292	− 1,224
− 50	0,000	− 1,206	1,914	− 2,715	− 2,006	− 2,006	−0,535	− 2,542
− 60	0,000	− 2,138	3,444	− 5,129	− 3,823	− 3,823	−0,918	− 4,721
− 70	0,000	− 3,469	5,695	− 8,900	− 6,675	− 6,675	−1,434	− 8,110
− 80	0,000	− 5,274	8,846	−14,479	−10,907	−10,907	−2,189	−13,099
− 90	0,000	− 7,611	13,095	−22,344	−16,859	−16,859	−3,265	−20,121
−100	0,000	−10,511	18,650	32,906	−24,766	−24,766	−4,745	−29,513

[1]) MAGNUS-Formel gegen ABC-Formel [2]) ABC-Formel gegen Normwerte [3]) MAGNUS-Formel gegen Normwerte

Tabelle 32
Einzelfehler in % bei der Entwicklung der MAGNUS-Formel mit Z-Funktion

t_{68}	Fehler					
	2	3	4	2 + 3 + 4[1])	[2])	[3])
°C	$\frac{e_{w2}-e_{w1}}{e_{wn}}\cdot 100$ %	$\frac{e_{w3}-e_{w2}}{e_{wn}}\cdot 100$ %	$\frac{e_{w4}-e_{w3}}{e_{wn}}\cdot 100$ %	$\frac{e_{w4}-e_{w1}}{e_{wn}}\cdot 100$ %	$\frac{e_{w1}-e_{wn}}{e_{wn}}\cdot 100$ %	$\frac{e_{w4}-e_{wn}}{e_{wn}}\cdot 100$ %
100	5,946	−14,380	8,062	− 0,372	0,250	− 0,121
90	4,396	−11,314	6,265	− 0,653	0,261	− 0,392
80	3,135	− 8,663	4,696	− 0,832	0,234	− 0,597
70	2,136	− 6,408	3,361	− 0,911	0,181	− 0,730
60	1,370	− 4,534	2,265	− 0,899	0,112	− 0,786
50	0,809	− 3,020	1,404	− 0,806	0,039	− 0,767
40	0,423	− 1,845	0,772	− 0,650	−0,027	− 0,677
30	0,183	− 0,985	0,350	− 0,452	−0,076	− 0,528
20	0,056	− 0,412	0,112	− 0,245	−0,095	− 0,340
10	0,007	− 0,096	0,015	− 0,074	−0,073	− 0,147
0	0,000	0,000	0,000	0,000	0,000	0,000
− 10	− 0,008	− 0,081	− 0,018	− 0,106	0,135	0,029
− 20	− 0,062	− 0,290	− 0,154	− 0,505	0,354	− 0,162
− 30	− 0,217	− 0,567	− 0,564	− 1,348	0,629	− 0,718
− 40	− 0,531	− 0,845	− 1,454	− 2,830	0,998	− 1,832
− 50	− 1,072	− 1,041	− 3,091	− 5,204	1,459	− 3,745
− 60	− 1,918	− 1,060	− 5,804	− 8,781	2,004	− 6,774
− 70	− 3,152	− 0,789	− 9,978	−13,919	2,626	−11,293
− 80	− 4,869	− 0,099	−16,030	−20,998	3,312	−17,687
− 90	− 7,164	1,162	−24,320	−30,322	4,012	−26,308
−100	−10,135	3,162	−35,019	−41,993	4,693	−37,300

[1]) MAGNUS-Formel gegen *ABC*-Formel [2]) *ABC*-Formel gegen Normwerte [3]) MAGNUS-Formel gegen Normwerte

Tabelle 33
Weitere Fehler in %, die bei der Ableitung der MAGNUS-Formel auftreten

t_{68}	Fehler	
	5	6
°C	Linearitätsfehler von γ_v bei der MAGNUS-Formel %	l_v statt γ_v bei der MAGNUS-Formel %
100	0,411	0,086
90	0,253	0,073
80	0,141	0,061
70	0,067	0,049
60	0,023	0,038
50	0,001	0,027
40	−0,007	0,019
30	−0,006	0,011
20	−0,003	0,004
10	0,000	0,001
0	0,000	0,000
− 10	−0,015	0,003
− 20	−0,070	0,006
− 30	−0,188	0,022
− 40	−0,388	0,042
− 50	−0,755	0,071
− 60	−1,344	0,110
− 70	−2,251	0,161
− 80	−3,577	0,224
− 90	−5,413	0,294
−100	−7,772	0,366

Tabelle 34

ζ_w-, ξ_w-, e_w- und f_w-Werte sowie e'_w-Werte bei $p_0 = 1013{,}25$ hPa und relative Abweichungen $\frac{e'_w - e_w}{e_w} \cdot 100$ in Prozent

t_{68} °C	e_w hPa	ζ_w	ξ_w	f_w	e'_w bei p_0 hPa	$\frac{e'_w - e_w}{e_w} \cdot 100$ bei p_0 %
100	1013,2500	—	—	1,000000000	1013,2500	0,000
90	701,1904	$1{,}103 \cdot 10^{-2}$	$1{,}58 \cdot 10^{-3}$	1,004108592	704,0713	0,411
80	473,7485	$8{,}54 \cdot 10^{-3}$	$1{,}12 \cdot 10^{-3}$	1,005839526	476,5150	0,584
70	311,7731	$6{,}49 \cdot 10^{-3}$	$7{,}8 \cdot 10^{-4}$	1,006267580	313,7272	0,627
60	199,3309	$4{,}83 \cdot 10^{-3}$	$5{,}26 \cdot 10^{-4}$	1,006045817	200,5360	0,605
50	123,4478	$3{,}52 \cdot 10^{-3}$	$3{,}46 \cdot 10^{-4}$	1,005600713	124,1392	0,560
40	73,8127	$2{,}51 \cdot 10^{-3}$	$2{,}19 \cdot 10^{-4}$	1,005127535	74,1912	0,513
30	42,4520	$1{,}74 \cdot 10^{-3}$	$1{,}34 \cdot 10^{-4}$	1,004742640	42,6533	0,474
20	23,3854	$1{,}17 \cdot 10^{-3}$	$7{,}9 \cdot 10^{-5}$	1,004497015	23,4906	0,450
10	12,2794	$7{,}6 \cdot 10^{-4}$	$4{,}44 \cdot 10^{-5}$	1,004379674	12,3332	0,438
0	6,11213	$4{,}8 \cdot 10^{-4}$	$2{,}37 \cdot 10^{-5}$	1,004391934	6,13897	0,439
−10	2,86570	$3 \cdot 10^{-4}$	$1{,}21 \cdot 10^{-5}$	1,004575789	2,87881	0,458
−20	1,25632	$2 \cdot 10^{-4}$	$5{,}7 \cdot 10^{-6}$	1,004802725	1,26235	0,480
−30	0,510604	$1 \cdot 10^{-4}$	$2{,}52 \cdot 10^{-6}$	1,005111172	0,513214	0,511
−40	0,190476		$1{,}02 \cdot 10^{-6}$	1,005439681	0,191512	0,544
−50	0,064454		$3{,}7 \cdot 10^{-7}$	1,005833167	0,064830	0,583

Tabelle 35

ζ_i-, ξ_i-, e_i- und f_i-Werte sowie e'_i-Werte bei $p_0 = 1013{,}25$ hPa und relative Abweichungen $\frac{e'_i - e_i}{e_i} \cdot 100$ in Prozent

t_{68} °C	e_i hPa	ζ_i	ξ_i	f_i	e'_i bei p_0 hPa	$\frac{e'_i - e_i}{e_i} \cdot 100$ bei p_0 %
0	6,11153	$5 \cdot 10^{-4}$	$2{,}43 \cdot 10^{-5}$	1,004511605	6,13910	0,451
−10	2,5966	$3 \cdot 10^{-4}$	$1{,}11 \cdot 10^{-5}$	1,004630280	2,6086	0,463
−20	1,0306	$1 \cdot 10^{-4}$	$4{,}8 \cdot 10^{-6}$	1,004825898	1,0356	0,483
−30	$3{,}7903 \cdot 10^{-1}$	$1 \cdot 10^{-4}$	$1{,}91 \cdot 10^{-6}$	1,005217565	$3{,}8101 \cdot 10^{-1}$	0,522
−40	$1{,}2794 \cdot 10^{-1}$		$7{,}0 \cdot 10^{-7}$	1,005558501	$1{,}2865 \cdot 10^{-1}$	0,556
−50	$3{,}9193 \cdot 10^{-2}$		$2{,}35 \cdot 10^{-7}$	1,006093672	$3{,}9432 \cdot 10^{-2}$	0,609
−60	$1{,}0753 \cdot 10^{-2}$		$7{,}1 \cdot 10^{-8}$	1,006712654	$1{,}0825 \cdot 10^{-2}$	0,671
−70	$2{,}6004 \cdot 10^{-3}$		$1{,}90 \cdot 10^{-8}$	1,007430834	$2{,}6197 \cdot 10^{-3}$	0,743
−80	$5{,}4388 \cdot 10^{-4}$		$4{,}4 \cdot 10^{-9}$	1,008230897	$5{,}4836 \cdot 10^{-4}$	0,823
−90	$9{,}6132 \cdot 10^{-5}$		$8{,}7 \cdot 10^{-10}$	1,009212142	$9{,}7018 \cdot 10^{-5}$	0,921

Tabelle 36

Konstanten A_{wj} und B_{wj} für die Gleichungen (6.16) und (6.17) in bezug auf Wasser

Konstanten	−50 bis 0 °C	0 bis 100 °C
A_{w1}	$3{,}62183 \cdot 10^{-4}$	$3{,}53624 \cdot 10^{-4}$
A_{w2}	$2{,}60553 \cdot 10^{-5}$	$2{,}93228 \cdot 10^{-5}$
A_{w3}	$3{,}86501 \cdot 10^{-7}$	$2{,}61474 \cdot 10^{-7}$
A_{w4}	$3{,}82449 \cdot 10^{-9}$	$8{,}57538 \cdot 10^{-9}$
B_{w1}	$-1{,}07604 \cdot 10^{1}$	$-1{,}07588 \cdot 10^{1}$
B_{w2}	$6{,}39725 \cdot 10^{-2}$	$6{,}32529 \cdot 10^{-2}$
B_{w3}	$-2{,}63416 \cdot 10^{-4}$	$-2{,}53591 \cdot 10^{-4}$
B_{w4}	$1{,}67254 \cdot 10^{-6}$	$6{,}33784 \cdot 10^{-7}$

Tabelle 37

Konstanten A_{ij} und B_{ij} für die Gleichungen (6.18) und (6.19) in bezug auf Eis

Konstanten	−100 bis −50 °C	−50 bis 0 °C
A_{i1}	$9{,}88896 \cdot 10^{-4}$	$3{,}61345 \cdot 10^{-4}$
A_{i2}	$5{,}74491 \cdot 10^{-5}$	$2{,}94650 \cdot 10^{-5}$
A_{i3}	$8{,}90422 \cdot 10^{-7}$	$5{,}21676 \cdot 10^{-7}$
A_{i4}	$6{,}20355 \cdot 10^{-9}$	$5{,}01622 \cdot 10^{-9}$
B_{i1}	$-1{,}04148 \cdot 10^{1}$	$-1{,}07401 \cdot 10^{1}$
B_{i2}	$9{,}11735 \cdot 10^{-2}$	$7{,}36812 \cdot 10^{-2}$
B_{i3}	$5{,}14117 \cdot 10^{-5}$	$-2{,}68806 \cdot 10^{-4}$
B_{i4}	$3{,}55087 \cdot 10^{-6}$	$1{,}53964 \cdot 10^{-6}$

Tabelle 38
Ausgewählte f_w- und f_i-Werte nach R. W. HYLAND (1975)

t_{68}	p MPa							
°C	0,1	0,2	0,5	1	2	5	10	
80	1,00564	1,00968	1,0168	1,0271	1,0474	1,111	1,226	f_w
50	1,00519	1,00775	1,0150	1,0269	1,0512	1,128	1,272	f_w
0	1,0039	1,0074	1,0179	1,0356	1,072	1,193	1,43	f_w
−50	1,0058	1,0116	1,0292	1,0595	1,124	1,350	1,88	f_i
−80	1,0082	1,0165	1,0420	1,0865	1,184	1,556	2,59	f_i

Tabelle 39
Maximale relative Abweichungen $\frac{e_w - e_{wn}}{e_{wn}} \cdot 100$ in % bzw.
$\frac{e_i - e_{in}}{e_{in}} \cdot 100$ in % mit den Konstantensätzen I bis IV

t_{68} °C	I %	II %	III %	IV %
26	−1,63			
24	−0,45			
22	0,45	−1,79		
20	1,04	−0,70		
18	1,30	0,10		
16	1,22	0,59		
14	0,82	0,76		
12	0,12	0,62		
10	−0,79	0,22		
8	−1,77	−0,37		
6	−2,60	−0,99		
4	−2,95	−1,42		
2	−2,32	−1,31		
0	0,00	−0,14	−0,13	−0,61
− 2			0,11	0,39
− 4			0,07	0,78
− 6			−0,09	0,59
− 8			−0,16	−0,06
−10			0,26	−0,91
−12				−1,45
−14				−0,85
−16				2,25

Tabelle 40
Zusammenstellung der Sättigungsdampfdruckformeln über Wasser

5 Konstanten	$\ln e_w = \frac{A_w}{T_{68}} + B_w + C_w \cdot T_{68} + D_w \cdot T_{68}^2 + E_w \cdot \ln T_{68}$ berechnet mit $\gamma_v = a_{v0} + a_{v1} \cdot T_{68} + a_{v2} \cdot T_{68}^2 + a_{v3} \cdot T_{68}^3$ und $Z = \exp\left\{b_0\left(\frac{1}{T_{68}} - \frac{1}{T_0}\right) + b_2(T_{68} - T_0) + b_3(T_{68}^2 - T_0^2) + b_1 \cdot \ln\frac{T_{68}}{T_0}\right\}$ oder $Z = 1$
4 Konstanten	$\ln e_w = \frac{A_w}{T_{68}} + B_w + C_w \cdot T_{68} + D_w \cdot \ln T_{68}$ berechnet mit $\gamma_v = a_{v0} + a_{v1} \cdot T_{68} + a_{v2} \cdot T_{68}^2$ und $Z = \exp\left\{b_0\left(\frac{1}{T_{68}} - \frac{1}{T_0}\right) + b_2(T_{68} - T_0) + b_1 \cdot \ln\frac{T_{68}}{T_0}\right\}$ oder $Z = 1$
3 Konstanten	$\ln e_w = \frac{A_w}{T_{68}} + B_w + C_w \cdot \ln T_{68}$ berechnet mit $\gamma_v = a_{v0} + a_{v1} \cdot T_{68}$ und $Z = \exp\left\{b_0\left(\frac{1}{T_{68}} - \frac{1}{T_0}\right) + b_1 \cdot \ln\frac{T_{68}}{T_0}\right\}$ oder $Z = 1$
2 Konstanten	$\ln e_w = \frac{A_w}{T_{68}} + B_w$ berechnet mit $\gamma_v = a_{v0} = \gamma_{v0}$ und $Z = \exp\left\{b_0\left(\frac{1}{T_{68}} - \frac{1}{T_0}\right)\right\}$ oder $Z = 1$
MAGNUS-Formel	$\ln e_w = \ln e_{w0} + \frac{a_w \cdot t_{68}}{b_w + t_{68}}$

Tabelle 41
Temperaturbereiche, in denen bei den Formeln verschiedenen Genauigkeitsgrades des Sättigungsdampfdruckes über Wasser die maximale relative Abweichung der Sättigungsdampfdruckwerte e_w von den Normwerten e_{wn} kleiner als 0,5% ist

Anzahl der Konstanten	Berechnungsbasis	Temperaturbereich °C	Differenz K	Bemerkung
5	empirisch	−100 ... 100	200	Normwerte
	$Z = Z(T_{68})$	− 90 ... 100	190	
	$Z = 1$	− 40 ... 50	90	
4	empirisch	− 70 ... 100	170	
	$Z = Z(T_{68})$	− 50 ... 100	150	
	$Z = 1$	− 80 ... 50	130	
3	empirisch	− 30 ... 100	130	
	$Z = Z(T_{68})$	− 20 ... 100	120	
	$Z = 1$	− 50 ... 50	100	
2	empirisch	− 5 ... 25	30	
	$Z = Z(T_{68})$	− 10 ... 10	20	
	$Z = 1$	− 10 ... 10	20	
MAGNUS-Formel	empirisch	− 30 ... 70	100	
	$Z = Z(T_{68})$	− 20 ... 30	50	
	$Z = 1$	− 30 ... 50	80	

Tabelle 42
Zusammenstellung der Sättigungsdampfdruckformeln über Eis

5 Konstanten	$\ln e_i = \frac{A_i}{T_{68}} + B_i + C_i \cdot T_{68} + D_i \cdot T_{68}^2 + E_i \cdot \ln T_{68}$ berechnet mit $\gamma_s = a_{s0} + a_{s1} \cdot T_{68} + a_{s2} \cdot T_{68}^2 + a_{s3} \cdot T_{68}^3$
4 Konstanten	$\ln e_i = \frac{A_i}{T_{68}} + B_i + C_i \cdot T_{68} + D_i \cdot \ln T_{68}$ berechnet mit $\gamma_s = a_{s0} + a_{s1} \cdot T_{68} + a_{s2} \cdot T_{68}^2$
3 Konstanten	$\ln e_i = \frac{A_i}{T_{68}} + B_i + C_i \cdot \ln T_{68}$ berechnet mit $\gamma_s = a_{s0} + a_{s1} \cdot T_{68}$
2 Konstanten	$\ln e_i = \frac{A_i}{T_{68}} + B_i$ berechnet mit $\gamma_s = a_{s0} = \gamma_{s0}$
MAGNUS-Formel	$\ln e_i = \ln e_{i0} + \frac{a_i \cdot t_{68}}{b_i + t_{68}}$

Tabelle 43
Temperaturbereiche, in denen bei den Formeln verschiedenen Genauigkeitsgrades des Sättigungsdampfdruckes über Eis die maximale relative Abweichung der Sättigungsdampfdruckwerte e_i von den Normwerten e_{in} kleiner als 0,5% ist

Anzahl der Konstanten	Berechnungsbasis	Temperaturbereich °C	Differenz K	Bemerkung
5	empirisch	—100 ... 0	100	Normwerte
	$Z = 1$	—100 ... 0	100	max. rel. Abweichung <0,07%
4	empirisch	—100 ... 0	100	max. rel. Abweichung <0,01%
	$Z = 1$	—100 ... 0	100	max. rel. Abweichung <0,06%
3	empirisch	—100 ... 0	100	max. rel. Abweichung <0,36%
	$Z = 1$	— 80 ... 0	80	
2	empirisch	— 40 ... 0	40	—100 ... 0 °C max. rel. Abw. <0,9%
	$Z = 1$	— 40 ... 0	40	—100 ... 0 °C max. rel. Abw. <0,6%
MAGNUS-Formel	empirisch	— 60 ... 0	60	max. rel. Abweichung —40 ... 0 °C <0,02%
	γ_s = Mittelwert	— 80 ... 0	80	max. rel. Abweichung —40 ... 0 °C <0,10%
	γ_s linear mit T_{68}	— 80 ... 0	80	max. rel. Abweichung —40 ... 0 °C <0,36%

Kolibri 360 GmbH
Ferdinand-Jühlke-Straße 7
99095 Erfurt, Deutschland
produktsicherheit@kolibri360.de